圖解元宇宙

Metaverse

株式會社 BeRISE 社長
波多間俊之 【著】

SE
SHOEISHA

図解まるわかり メタバースのしくみ

(Zukai Maruwakari Metaverse no Shikumi：7487-7)

© 2022 Toshiyuki Hadama

Original Japanese edition published by SHOEISHA Co.,Ltd.

Traditional Chinese Character translation rights arranged with SHOEISHA Co.,Ltd.

through JAPAN UNI AGENCY, INC.

Traditional Chinese Character translation copyright © 2024 by GOTOP INFORMATION INC.

2021 年，Facebook 公司突然發表元宇宙宣言，一夕之間，元宇宙一詞成了流行用語。元宇宙這個詞彙與概念本身其實並不新，從很久以前開始，小說與科幻電影中，就多次描繪這種未來的概念。如今到了 2022 年，隨著 5G、AI、IoT、區塊鏈、VR/AR 等技術革新，應該有很多人充滿期待，認為科幻電影「駭客任務」的世界是否終於要到來。

本書除了解說現今技術下「真實的元宇宙」，也會從技術與法規整備等觀點出發，加入對「目前尚未實現的未來元宇宙」之預測，解說集合了各項技術的「元宇宙」機制。

本書的目標讀者，是看了新聞後對元宇宙感到好奇、評估是否進軍元宇宙產業、以及希望成為元宇宙工程師與創作者等人。書中也有針對想要成為技術人員的讀者解說 CG 與程式等技術性內容，不過，只希望了解基本機制的讀者，也可以稍微瀏覽標題即可。

從工業革命以來，人類就持續發展各種技術，而 1980 年代起就不斷發展的資訊時代，讓我們的生活方便性急遽提升。技術具有不可逆的性質，只要是對人類方便的，就一定會滲透進我們的生活，絕不會再回到過去。而元宇宙是否會成為人類的嶄新未來？希望能透過本書與各位讀者一起深入學習。

目 錄

第 1 章 元宇宙的基礎知識
～元宇宙的起源與歷史～
13

第 2 章
GAFAM、遊戲產業與元宇宙
～元宇宙的市場爭奪賽～
33

第 **3** 章　元宇宙與 Web3.0
～區塊鏈技術與元宇宙的關聯性～

第 **3** 章　元宇宙與 Web3.0
～區塊鏈技術與元宇宙的關聯性～ 　53

3-1 Web3.0 的誕生
Web3.0 ⋯⋯⋯⋯⋯⋯⋯⋯⋯⋯⋯⋯⋯⋯⋯ 54

3-2 區塊鏈的技術
區塊鏈、分散式系統 ⋯⋯⋯⋯⋯⋯⋯⋯⋯ 56

3-3 以太坊的機制
以太坊、智慧合約、DApps ⋯⋯⋯⋯⋯⋯ 58

3-4 NFT 的基礎知識
NFT、非同質化代幣 ⋯⋯⋯⋯⋯⋯⋯⋯⋯ 60

3-5 創作者與 NFT
創作者經濟變革、創作者經濟 ⋯⋯⋯⋯⋯ 62

3-6 社群與 NFT
社群的參與權 ⋯⋯⋯⋯⋯⋯⋯⋯⋯⋯⋯⋯ 64

3-7 數位身分認同與 NFT
數位時尚、數位身分認同 ⋯⋯⋯⋯⋯⋯⋯ 66

3-8 解析元宇宙
元宇宙的元素 ⋯⋯⋯⋯⋯⋯⋯⋯⋯⋯⋯⋯ 68

3-9 元宇宙中組織型態的變化
DAO、分散式自治組織 ⋯⋯⋯⋯⋯⋯⋯⋯ 70

小試身手 查看 NFT 的作品 ⋯⋯⋯⋯⋯⋯ 72

6

第9章 元宇宙的未來發展
～試著想像元宇宙的未來～

第 **1** 章

元宇宙的基礎知識

~元宇宙的起源與歷史~

》 什麼是元宇宙？

元宇宙所代表的意義

在新聞與社群網路服務上，元宇宙（Metaverse）一詞開始受到關注。以 Facebook 與 Instagram 等社群網路服務聞名的 Facebook 公司宣布斥資開發元宇宙事業，並將公司名稱改為「Meta」。此外，同為科技巨擘的 Microsoft 公司也宣布將元宇宙概念運用在自家的「Teams」會議視訊服務中。科技巨頭紛紛積極投入的元宇宙事業究竟是什麼？

元宇宙的定義各有不同，不過主要指的是「線上串連的虛擬空間」。透過**個人電腦（PC）、智慧型手機、VR 與遊戲機等各式裝置**，世界各地的使用者可以進入線上共享的虛擬空間，這個系統與世界觀就稱為元宇宙（圖 1-1）。

在元宇宙上可以做什麼？

那麼在這個「線上串連的虛擬空間」，也就是元宇宙上可以做什麼呢？一般認為，未來可能可以在元宇宙上過著與真實世界相同的生活，包含「工作」、「對話」、「購物」、「遊戲」等。

此外，在元宇宙的世界中，人們可以透過自己的虛擬分身與他人交流。**在元宇宙中，種族、性別、年齡、住處變得不再重要**（圖 1-2），甚至還能瞬間移動到工作地點，也能在無限擴張的土地上建造自己喜歡的房子。即使元宇宙是虛擬空間，在這個嶄新的世界裡卻能過著與真實世界相同，甚至是更加便利的生活。

圖 1-1　元宇宙究竟是什麼？

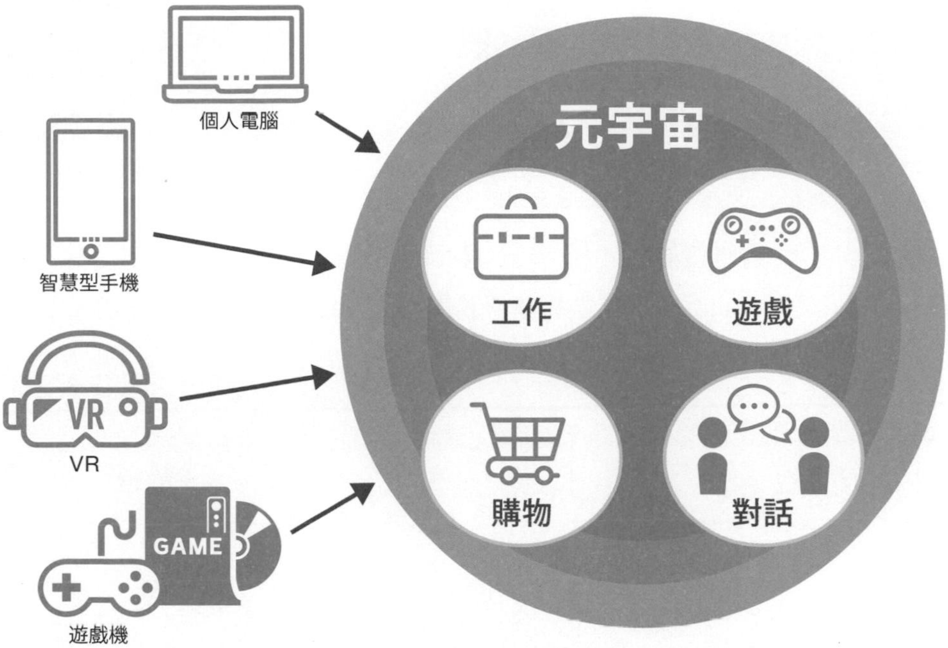

個人電腦

智慧型手機

VR

遊戲機

元宇宙

工作　遊戲

購物　對話

圖 1-2　元宇宙與虛擬分身

● 每個人都能成為自己期望中的虛擬分身
● 種族、性別、年齡、住處變得不再重要

Point

✎ 元宇宙是「線上串連的虛擬空間」

✎ 可以透過個人電腦、智慧型手機、VR 與遊戲機等各式裝置進入元宇宙

✎ 在元宇宙中不需要在意種族、性別、年齡等

≫ 元宇宙一詞的起源

元宇宙的概念是何時出現的？

元宇宙一詞在最近才突然開始備受關注，然而，其實在 1990 年代這個詞彙就已經存在。

元宇宙一詞首次出現，是在美國科幻作家尼爾·史蒂芬森發表的小説《潰雪》。這部作品是以不久後科技發達的美國為背景，故事裡出現了名為元宇宙的虛擬空間（圖 1-3）。故事主角因為與元宇宙中的某個人物進行交流，一次次被捲入重大事件。

元宇宙的概念，來自這部小説中出現於不遠將來的虛擬空間「元宇宙」，如今，這個概念受到許多企業與媒體關注並廣為普及。

元宇宙的定義與相似詞

元宇宙的相似詞不勝枚舉，例如「虛擬空間」、「**虛擬實境**」、「網路空間」、「MMORPG（Massively Multiplayer Online Role-Playing Game）」等（圖 1-4）。此外，在元宇宙出現以前，也有科幻小説與科幻電影提到類似的概念。

其實，小説中出現的用語「元宇宙」**並沒有明確的文字定義**。舉例來説，多人在網路 3D 空間裡探險的 RPG 遊戲「MMORPG」究竟是否符合元宇宙的概念？也沒有正確的解答。有些人認為是，有些則不然。因此，也有許多人認為元宇宙早已存在於線上遊戲等領域中。

圖 1-3　元宇宙的起源與拓展

METAVERSE

- 是來自於科幻小說《潰雪》中的詞彙
- 「meta（超越）＋「universe（宇宙）」＝「元宇宙」

圖 1-4　元宇宙的相似詞

【虛擬空間】
可自由移動的
3D 空間

【虛擬實境】
以電腦創造如
真實情境般的
世界

【網路空間】
電腦與網路上的
虛擬空間

【MMORPG】
大規模、多人
同時參與的線
上 RPG 遊戲

Point

- 元宇宙一詞首次出現是在科幻小説《潰雪》
- 也有很多與元宇宙意思相同的詞彙
- 元宇宙並沒有明確的定義，對元宇宙的認知因人而異

》 元宇宙受到矚目的原因

2021 年，元宇宙一躍成為世界關注焦點

「元宇宙」的概念在 1990 年代就已經存在，不過**這個詞彙受到關注已經是2021 年以後了**。能夠顯示 Google 搜尋次數變化的 GOOGLE 趨勢指出，世界各地開始熱烈搜尋「metaverse（元宇宙）」一詞，是在 2021 年的 10 月（圖 1-5）。在這個時間點，原 **Facebook 公司**有兩則新聞受到熱議。

第一則是 Facebook 公司宣布「歐洲境內元宇宙人才一萬人雇用計畫」，讓元宇宙這個關鍵字的關注度飆升。接著，Facebook 公司又宣布「將公司名稱改為『**Meta**』，GAFA 的科技巨頭之一將公司的未來押注在元宇宙，讓元宇宙開始受到世界各地的關注。

對元宇宙的期待與批評

元宇宙因為前 Facebook 公司的宣布事項，一躍成為世界的關注焦點，而這個能完全顛覆既有企業商業模式的概念，讓整個社會開始展開各種討論。

人們對於元宇宙的期待之一，**是元宇宙或許可以解決目前世界所面臨的社會問題**。元宇宙很可能可以解決各種社會問題，像是新冠肺炎的流行讓人們在移動與接觸上產生的限制、因環境問題而出現的脫碳趨勢，還有因膚色、性別、語言等差異所造成的歧視問題等。

另一方面，也有些人如此批判——「元宇宙難道不會產生成癮問題、或是導致誹謗、社會分裂問題加劇嗎？」、「**元宇宙根本就不會普及吧？**」，討論可說是相當熱烈（圖 1-6）。

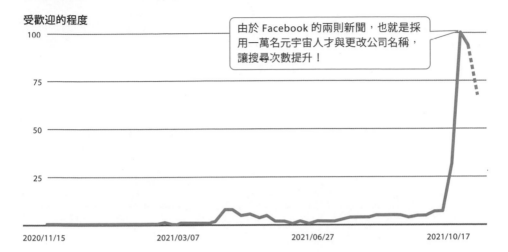

圖 1-5　Google 趨勢中「metaverse」的搜尋次數變化

受歡迎的程度

由於 Facebook 的兩則新聞，也就是採用一萬名元宇宙人才與更改公司名稱，讓搜尋次數提升！

100

75

50

25

2020/11/15　　　　2021/03/07　　　　2021/06/27　　　　2021/10/17

圖 1-6　對元宇宙的期待與批評

正面評論 👍

- 消除人種、性別、語言等歧視問題
- 降低移動與生產成本，減少 CO_2 的排放
- 提升各種商業潛力

負面評論 👎

- 匿名誹謗的情況增加
- 過度依賴虛擬世界
- 元宇宙在過去就已經失敗，並不會普及

Point

✎「元宇宙」一詞受到 2021 年 Facebook 公司所發布消息影響，成為新趨勢

✎ 元宇宙的正面評論之一，是可以解決各種社會問題

✎ 也有人對元宇宙秉持負面看法，認為「元宇宙根本就不會普及」

≫ 元宇宙的歷史 1980 ～ 2000 年

科幻電影描繪的元宇宙世界

大約從 1980 年代開始，科幻電影中就出現近似於元宇宙的概念（圖 1-7）。
不過，作品中並沒有出現「元宇宙」這個用詞，而是描繪出不同於真實世界的
「虛擬空間」與「電腦空間」。例如，迪士尼推出的世界第一部 CG 動畫《電子
世界爭霸戰》，就描繪出電腦的內部世界。

以及全球大受好評的電影《駭客任務》，就是以「我們居住的現實世界才是電
腦創造的虛擬實境」為觀點，展開往返於現實與虛擬世界的劇情。

可以在線上使用虛擬分身服務的「Habitat」

除了科幻電影之外，真實世界也開始推出虛擬空間的服務。1986 年推出的
「Habitat」，讓使用者可以實際在網路上**以使用虛擬分身聊天等方式進行通訊**
（圖 1-8）。這項服務在日本以「富士通 Habitat」為名，於 1990 年推出。

「Habitat」在二維的世界之外，也搭載能夠呈現出三維世界的功能，**這正是
以當時技術所展現的元宇宙**。然而，遊玩「Habitat」是需要課金的，因此免
費線上遊戲出現以後，「Habitat」在營運上變得困難，於是在 2010 年結束服
務。

在「Habitat」推出後也出現了許多符合元宇宙概念的服務，但是要如何留住
用戶並轉為收益，至今依然是元宇宙相關服務的課題。

圖 1-7　科幻電影描繪的虛擬世界

可以透過電腦
進入虛擬世界

日常生活的真實世界
其實是由電腦所創造

大約從 1980 年代起，科幻電影中就出現與元宇宙概念相近的世界

圖 1-8　元宇宙的始祖？可以在 Habitat 中做的事

選擇虛擬分身

以 Habitat 的
遊戲內「代幣」交易

聊天＋回應功能

呈現出 2D、3D 的世界

Point

🖉 大約從 1980 年代開始，科幻電影就描繪出近似元宇宙概念的世界

🖉「Habitat」服務推出後，用戶能夠以虛擬分身聊天

🖉「Habitat」服務雖已終止，但可稱為元宇宙的原型

» 元宇宙的歷史 2000 ～ 2010 年

出現多個元宇宙相關服務

進入 2000 年代以後，個人電腦與網路也普及到一般家庭，並**開始出現各種元宇宙的相關服務**（圖 1-9）。以 3DCG 呈現的虛擬世界《第二人生》遊戲中，**除了虛擬分身之間能夠交流外，還可以自由製作虛擬分身與服裝、建築物、裝飾品等，並且還能夠自由販賣**。此外，也可以像真實世界裡一樣販賣土地，許多人透過《第二人生》在現實生活中獲益。

家用遊戲主機 PlayStation 3 上也推出《**PlayStation Home**》，是一項串連遊戲世界與社群的服務，聚集了許多用戶。

《第二人生》的熱潮與衰退

《第二人生》是 2000 年代具代表性的元宇宙相關服務。與一般的線上遊戲不同，《第二人生》並沒有採用等級與通關等概念，而是讓玩家聚焦在人際溝通與生活上。《第二人生》的使用貨幣僅限於服務內的加密資產（虛擬貨幣），不過，這些資產也可以兌換成現實中的貨幣，因此服務裡的加密貨幣與土地等資產，開始與現金具有同等的價值（圖 1-10）。

《第二人生》是搭載各式功能的先進服務，當時受到媒體的熱烈報導。然而，透過商業化或投資土地一夕致富這類的負面形象太過鮮明，這樣的用戶心態讓**遊戲淪為一時的熱潮**。不過，目前服務本身還是持續運作，如今有更多的玩家享受著遊戲樂趣。

| 圖 1-9 | 2000 年代元宇宙相關服務的變化 |

硬體多元化,用戶數也增加
(除了個人電腦外,遊戲機也開始運用元宇宙的概念)

開始將元宇宙應用於企業推廣
(企業開始採取行動,在現行業務中運用元宇宙)

在元宇宙的世界,個人開始能夠賺取真實世界的金錢
(製作、販賣虛擬分身,買賣土地等)

雖然掀起一時的熱潮,但是失去使用者支持的問題加劇
(帶有商業目的的用戶增加,知道無法獲益後就轉身離去)

| 圖 1-10 | 在《第二人生》賺取現金的機制 |

Point

🖉 約從 2000 年代開始,元宇宙相關服務的功能與裝置等變得更加多元

🖉 開始出現買賣虛擬世界的虛擬分身與土地,以藉此獲益的用戶

🖉 許多相關服務都淪為一時熱潮而終止,如何留住用戶成為課題

≫ 元宇宙的歷史 2010 年至今

遊戲產業起飛與 VR、NFT 的登場

從 2010 年代起，由於 VR 的普及與遊戲機、個人電腦的規格提升，人們開始可以透過各式裝置享受元宇宙的相關服務。而「**VRChat**」則開始能夠透過 VR 的頭戴式顯示器與控制器精細捕捉全身動作，重現於虛擬空間之中。

此外，以個人電腦與家用遊戲主機遊玩的《要塞英雄》，在一開始推出時是大逃殺對戰遊戲，如今，遊戲還與許多音樂表演者合作舉辦演唱會，讓不同的玩家可以自由享受其中的樂趣。另外在日本國內推出的服務中，《Final Fantasy XIV》是全球玩家人數最多的 MMORPG。

之後又出現了 NFT（請參考 **3-4**）的技術，可以公開證明影片、圖片等數位資訊的所有權。而後續推出的《The Sandbox》（請參考 **7-9**）服務將 NFT 技術運用至元宇宙，讓用戶對於遊戲內的物品與土地也具有所有權，這個機制吸引了用戶與投資人的關注（圖 1-11）。

相較於真實世界的國家，虛擬世界聚集的用戶更多

《要塞英雄》的用戶數成長至 3 億 5 千萬人，**擁有的用戶人數已經超越美國人口**。線上遊戲《要塞英雄》與《Final Fantasy XIV》在**維持、增加用戶的同時，也透過販售虛擬分身與每月課金等方式獲取極高收益**。另一方面，「VRChat」與《The Sandbox》目前雖然還在開發、測試階段，但已有許多投資人看好未來獲益而投注資金（圖 1-12）。

圖 1-11	新技術與元宇宙

VR

可透過頭戴式顯示器
等裝置體驗虛擬空間

NFT

可擁有圖片與影片
等資料的所有權

圖 1-12	元宇宙企業的主要收益機制

用戶直接課金

●虛擬分身等付費內容
●以月計費等方式的課金等

手續費收益

用戶間交易時的
手續費收益等

廣告

虛擬空間裡的
數位廣告等

Point

✎ 進入 2010 年代後，VR 與 NFT 等新技術開始普及

✎ 受歡迎的線上遊戲，用戶數能超越國家人口

✎ 不同的企業與服務，元宇宙的獲益模式都不相同

≫ 元宇宙是由誰建立的？

建立元宇宙的是誰？

截至目前，我們已經了解元宇宙的概念與已經登場的相關服務等。網路出現至今，已有許多企業提供元宇宙的相關服務。

那麼，未來的元宇宙會是怎麼樣的世界，又會由誰創造呢？這個問題當然沒有正確的解答，不過，可以確定的是，創造元宇宙的不只是提供服務的「服務供應商」，而是「服務供應商」與「用戶」雙方共同創造。因為沒有用戶的虛擬世界，根本稱不上是元宇宙。元宇宙裡存在著各種利害關係人，而**「用戶」、「服務供應商」的存在是不可或缺的**（圖 1-13）。

用戶與服務供應商的共同創造

雖然前面提及「服務供應商」與「用戶」雙方會共同打造元宇宙，但是這個虛擬世界究竟如何建立？或許不容易想像。以上一節所介紹的「VRChat」為例，用戶除了可以建立自己的虛擬分身之外，還可以建立名為「World」的空間與社群。在「VRChat」的世界裡，用戶不會有明確的目標，而是跟現實生活一樣，每個人都能找到自己的享受方式，並打造世界。

此外，前一節也曾介紹過的《The Sandbox》則是運用 NFT，發展出創作者經濟系統。創作者可以製作、販售 NFT，例如原創的虛擬分身與遊戲等，或是能透過玩遊戲取得貨幣，購入 NFT 內容。如前述，在元宇宙的世界，**用戶與服務供應商共同創造世界的這層關係是極為重要的**（圖 1-14）。

圖 1-13　　元宇宙的利害關係人

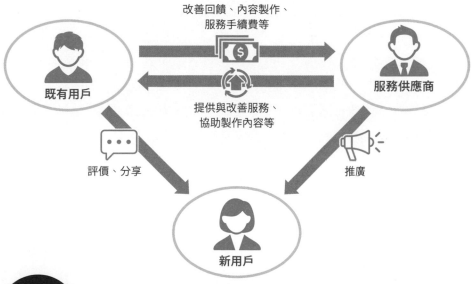

圖 1-14　　用戶與服務供應商的共同創造關係

Point

✎ 只依賴提供服務的「服務供應商」，元宇宙是無法成立的

✎ 讓「用戶」自發性建立社群等機制極為重要

✎ 元宇宙的世界是由「用戶」與「服務供應商」共同創造

≫ 元宇宙與社群網路服務的關聯性

元宇宙與社群網路服務的關係

上一節提及元宇宙「用戶」與「服務供應商」共同創造關係的重要性。其實，這裡的關係與如今社群網路服務的機制非常相似。說到元宇宙，我們經常只是關注 VR、NFT 等技術層面，然而，**要加深對於元宇宙的理解，就一定得了解如今網路社群的核心——社群網路服務。**

尤其是 Meta 公司經營的 Facebook 與 Instagram 等大型社群平台，很有可能會將元宇宙視為社群網路服務的延伸（圖 1-15）。而經營 TikTok 的字節跳動公司最近也開始有所行動，例如收購開發、銷售 VR 裝置的 Pico 公司。

現代的大型社群網路服務為何能成為社群平台

Twitter、Instagram、Facebook、YouTube、TikTok 等社群平台目前擁有眾多用戶，它們是如何贏取、留住與增加用戶的呢？這些社群網路服務能壯大的原因，簡單來說，**是因為「用戶」與「服務供應商」對服務積極投入、共同創造的模式，被自然地結合到商業模式裡。**

當然，也有許多社群網路服務以成為社群平台為目標，但卻不敵市場競爭，最後無疾而終，例如 Google 為了對抗 Facebook 所推出的 Google+ 就在 2019 年結束服務。這種由「用戶」與「服務供應商」共同創造的服務，獲取初期用戶以及留住用戶都並不容易，不過，一旦**上了軌道，用戶數就會持續成長**（圖 1-16）。

圖 1-15　　　　　　　　　　Meta 公司的歷史

資料出處：Meta HP（URL：https://about.facebook.com/company-info/）

圖 1-16　　　　　用戶參與式服務的擴大機制與難處

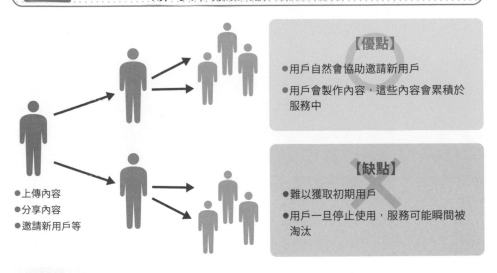

【優點】
● 用戶自然會協助邀請新用戶
● 用戶會製作內容，這些內容會累積於服務中

【缺點】
● 難以獲取初期用戶
● 用戶一旦停止使用，服務可能瞬間被淘汰

● 上傳內容
● 分享內容
● 邀請新用戶等

Point

✎ 對元宇宙展開思考時，需要先理解現今社群網路服務的機制

✎ 社群網路服務與元宇宙相同，會同時需要「用戶」與「服務供應商」

✎ 若成功讓用戶參與，服務將可能瞬間擴大

» 元宇宙與 UGC 的關聯性

什麼是 UGC ？

你聽過 **UGC**（User Generated Content）嗎？它指的是上傳到社群網路服務、部落格、影音平台等處的內容，以及上傳到評論網站的評價等，**也就是由一般用戶上傳，而非企業所發布的內容**（圖 1-17）。上一節介紹元宇宙與社群網路服務時，提到「用戶」與「服務供應商」共同創造的重要性，其中還有個特別重要的元素，就是這裡提到的「UGC」。

首先，相較於企業發布的資訊，UGC 的特色是更受信賴也較容易被分享。此外，一旦建立起由一般用戶提供 UGC 的機制，企業只要維護平台，就能擴大服務。

例如，YouTube 的機制就是由一般用戶上傳影片，再由其他的一般用戶瀏覽影片。雖然 YouTube 營運端基本上不會自行產出影片內容，不過，透過用戶上傳影片，服務自然就會擴大，YouTube 營運端即使不自行產出內容，也可以透過向企業收取廣告費用等方式獲益。

UGC 式服務與 PGC 式服務

另外，也有被稱為 **PGC**（Professional Generated Content）的內容，意思與 UGC 完全相反。舉例來說，提到影音服務，除了 YouTube 與 TikTok 以外，也有 Netflix 等其他服務。YouTube 與 TikTok 是每個人都能自由上傳的 UGC 式服務，而 Netflix 則只讓用戶享受由專業人士製作的影音作品。這種**由專業人士製作的內容**就稱為「PGC」，而**元宇宙的服務也分為「UGC 式服務」與「PGC 式服務」**（圖 1-18）。

圖 1-17　UGC 是什麼？

上傳內容至影音平台

私人部落格文章

上傳內容至
社群網路服務

購物網站上的評論

由用戶上傳，而非企業發布的內容

圖 1-18　UGC 式服務與 PGC 式服務

例：影音服務

UGC　　　　　　　　　　　　　　　　　PGC

例：元宇宙的相關服務

UGC　　　　　　　　　　　　　　　　　PGC

Point

🖉 UGC 指的是由用戶製作，而非企業發布的內容

🖉 PGC 指的是由專業人士製作的內容

🖉 以「內容」為核心的服務分為「UGC」與「PGC」兩種

小試身手

試著分類元宇宙

即使都是元宇宙，不同服務也各有特色。對於各種元宇宙的相關服務，如遊戲與應用程式等，我們可以試著以自己的認知來繪製原創的定位圖。

例如，我們也可以藉由下列方式對元宇宙相關服務進行分類。橫軸、縱軸可以自由定義，不過如何定義，會影響到我們是否能找到還不存在於市場中的獨特定位。

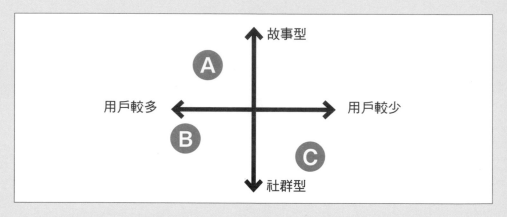

假設你是想要推出全新元宇宙服務的經營者。請實際比較幾個不同的服務，並試著找出市場上還不曾推出服務的全新定位。

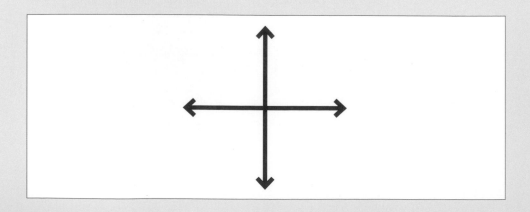

第 2 章

GAFAM、遊戲產業與元宇宙

～元宇宙的市場爭奪賽～

» 元宇宙能夠商業化嗎？

元宇宙的市場規模

如同第 1 章所說明，目前出現許多元宇宙的相關服務，不過，應該也有很多人好奇，元宇宙真的能夠商業化嗎？回顧元宇宙的歷史，有許多人曾對元宇宙提出各式各樣的質疑，例如元宇宙是否能創造商業收益，以及如何留住用戶等。

許多企業也針對元宇宙市場預測發布報告，例如，加密資產管理巨頭灰度（Grayscale）就在報告中預測，元宇宙會有**每年 1 兆美元**，換算日幣約為 115 兆日圓的**市場規模**（圖 2-1）。目前日本資通訊產業的市場規模約為 100 兆日圓，從這個數字就能看出，光是元宇宙就達到這樣的市場規模有多麼驚人。不過，報告並未提及何時能達到這個市場規模，貌似不認為元宇宙在短期內市場規模會有如此大幅度的成長。

元宇宙的商務應用

元宇宙被預估未來會達到 1 兆美元的市場規模，不過實際上有哪些商務領域會透過元宇宙來運作呢？

上述灰度公司的報告預測，元宇宙中的**「數位活動」、「社群商務」、「廣告」等商業領域，以及元宇宙相關的「軟體」、「硬體」開發，都會讓市場變得愈加活絡**（圖 2-2）。

此外，一直以來在網路遊戲與網頁、社群網路服務中，主要獲益的都是服務開發者，用戶投入的時間與努力基本上無法變現。然而，**在元宇宙的世界裡，用戶能夠自行將以時間、資產換取的數位資產販賣給其他用戶**。這個機制就稱為「**Play to Earn**」（邊玩邊賺）。

図 2-1　　　　　元宇宙的市場規模

日本資通訊產業
的市場規模

約**100**兆日圓

＜

全球元宇宙
的市場規模

約**115**兆日圓

（參考資料：日本主要產業的市場規模）

汽車
產業 　約**57**兆日圓

建設 　約**15.6**兆日圓

外食 　約**18.3**兆日圓

図 2-2　　　　　元宇宙的相關商務領域

數位活動

社群商務

廣告

軟、硬體開發

Point

🖉元宇宙的全球市場規模預測約為每年1兆美元

🖉透過數位活動、社群商務、廣告以及軟硬體開發，元宇宙的市場會變得更加活絡

🖉已經具備用戶能在元宇宙中建立數位資產並賺取利益的機制

》 元宇宙要如何普及？

元宇宙相關服務的競爭

預測指出元宇宙未來會有高達 1 兆美元的市場規模，不過元宇宙要普及，實際上還會遇到許多困難。

其中一個問題是人們的「可支配時間」。「可支配時間」指的是每個人可自由運用的時間，也就是從一天二十四小時當中扣除睡覺與工作後的時間（圖 2-3）。近年來網路上充斥著社群網路服務、影音服務、遊戲等數位內容，獲取用戶可支配時間的難度逐年提升。

未來元宇宙若要普及，如何贏過社群網路服務、影音服務等各式數位內容，**爭奪人們的可支配時間**，會是一個重要的議題。

元宇宙的拓展方式

許多人期待未來能在元宇宙中過著如真實世界般的生活，包含了「工作」、「對話」、「購物」、「遊戲」等。不過，這樣的服務應該很難一下子就推出並普及至人們的生活。

「元宇宙的拓展方式」與目前已經備受歡迎的社群網路服務相同，會先藉由幾個特定功能獲取**初期用戶，之後隨著各種功能逐漸擴充，用戶也會隨之增加**（圖 2-4）。

舉例來說，目前極受歡迎的社群網路服務 Instagram 在一開始推出時，是簡單的照片編輯應用程式，能夠後製及美化照片。在新增了各種功能後用戶開始增加，目前也被應用在商業用途，例如能連結網路商店等。

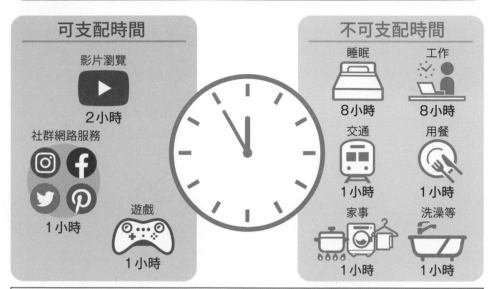

圖 2-3 ⋯⋯⋯⋯ 一般社會人士的可支配時間與不可支配時間

可支配時間

影片瀏覽

2小時

社群網路服務

1小時

遊戲

1小時

不可支配時間

睡眠
8小時

工作
8小時

交通
1小時

用餐
1小時

家事
1小時

洗澡等
1小時

要讓元宇宙普及，如何爭奪用戶的可支配時間是個重要課題

圖 2-4 ⋯⋯⋯⋯⋯⋯⋯⋯⋯⋯⋯⋯⋯⋯⋯⋯⋯⋯⋯⋯ 服務擴大的機制

獲取初期用戶

Designed by Freepik

開發滿足具體需求的特定
功能，獲取初期用戶

提升用戶人數

擴充功能以滿足各種需求，
提升用戶人數

Point

🖉 要讓元宇宙普及，獲取人們的可支配時間相當重要

🖉 要擴大服務，首先需要獲取初期用戶

🖉 獲取初期用戶後，再藉由擴充各式功能提升用戶人數

» IT 產業 vs. 遊戲產業 vs. 區塊鏈產業

積極投入元宇宙的產業

有哪些企業會投入未來成長可期的元宇宙市場呢？現階段對於元宇宙展開積極行動的產業大約可分為三種（圖 2-5）。

首先是 **IT 產業**。Meta 與 Microsoft 等被稱為 GAFAM 的企業正加速投資的腳步。接著是**遊戲產業**。以《要塞英雄》聞名的遊戲公司 Epic Games，以及以《Final Fantasy》著稱的 Square Enix 等企業就對投入元宇宙產業相當積極。最後是**區塊鏈產業**。要明確定義區塊鏈產業並不容易，不過開發、發行加密資產與區塊鏈遊戲的許多相關企業對元宇宙皆積極採取行動。經營 The Sandbox 的 Animoca Brands 公司就是個具代表性的例子。

各產業採取行動的差異

各個產業都開始積極投入元宇宙市場，不過，不同產業的**強項以及瞄準的市場定位**都不相同（圖 2-6）。

IT 產業的大型企業試圖以雄厚的資本、既有服務的用戶數，以及至今所培養的技術能力在元宇宙的市場勝出。

遊戲產業的企業則是將已使用 3DCG 技術的線上虛擬空間發行為遊戲，目前也擁有許多用戶。這些企業可能會一邊運用這些既有資產，同時也推出非遊戲用途的元宇宙相關服務。

最後，區塊鏈產業的企業除了讓加密資產能在元宇宙中使用外，也正在試著建構使用區塊鏈機制的元宇宙。元宇宙與區塊鏈技術很適合結合應用，投資人也對此抱持很大的期待。

下一節開始，我們將會介紹各產業與元宇宙的關聯性。

圖 2-5 .... 積極投入元宇宙的產業

IT 產業
例) Meta、Microsoft 公司

遊戲產業
例) Epic Games、
Square Enix 公司

VS.

區塊鏈產業
例) Animoca Brands 公司

圖 2-6 .... 各產業的強項與定位

IT 產業	遊戲產業	區塊鏈產業

不僅藉由社群網路服務與 IT 服務獲取眾多用戶，也擁有雄厚的資金，透過積極投資與人才招募瞄準元宇宙的市場	具有開發多人線上遊戲的專業知識與既有遊戲的用戶數，這些都能直接用來發展元宇宙	可能會運用加密資產與 NFT 等機制，以支持元宇宙中的經濟活動。此外，許多人期待相較於以往的遊戲，會出現不同的發展模式

Point

⟋ 投入元宇宙市場的產業，大致上可分為 IT、遊戲、區塊鏈等三個業界

⟋ 每個產業的強項不同，瞄準的定位也各不相同

» IT 產業與元宇宙

Meta 公司加速投資元宇宙的原因

IT 產業中，**將公司名稱從 Facebook 更改為 Meta 的 Meta 公司，可謂是最積極投入元宇宙的企業**。Meta 公司雖然認為未來幾年元宇宙相關領域會呈現赤字，尚不會產生收益，不過也預估在幾年後將形成大規模的元宇宙市場，因此展開大型投資與企業收購，以開發相關的服務。

Meta 公司除了**在 Facebook 與 Instagram 等社群網路服務中擁有眾多用戶**外，也**銷售 VR 裝置**，稱為 Meta Quest 系列（圖 2-7）。甚至還推出 **Horizon Worlds**（在日本尚未推出）的 VR 應用程式服務。在這個應用程式中，用戶可以自行製作遊戲與發起活動，Meta 公司也宣布將對應用程式中的創作者投注大量資金。

Microsoft 公司的強項在於商業應用

IT 產業的企業中，**Microsoft 公司對於元宇宙也展現相當積極的態度**。Microsoft 公司銷售的有作業系統「Windows」系列、包含 Word 在內的「Office」系列，以及雲端服務「Azure」等各式系統與服務。由此可見，Microsoft 公司的強項就在於**透過商業服務，深入企業的日常運作**之中。

而且，Microsoft 公司也開發、銷售遊戲機 Xbox 系列，很可能也會將遊戲相關的技術、知識直接運用到元宇宙。此外，只要使用屬於 MR 眼鏡的 Microsoft HoloLens 系列，就能在真實世界中呈現出 3DCG 與文字的相關資訊。

Microsoft 公司很可能會以元宇宙結合各種服務與技術，提出獨一無二的解決方案（圖 2-8）。

圖 2-7 Meta 公司的強項

Meta Quest 系列的 VR 裝置

VR 應用程式的服務

在 Facebook、Instagram 等
社群網路服務中擁有諸多用戶

客戶資料與客戶接觸點

圖 2-8 Microsoft 公司的強項

HoloLens 系列
的 MR 眼鏡

Office 等
商務方面的服務

Xbox 系列
的遊戲主機硬體

Point

✎ 在 IT 產業中，Meta 公司與 Microsoft 公司對於元宇宙尤其積極

✎ Meta 公司的強項是擁有社群網路服務與 VR 硬體等，與眾多用戶具有接觸點

✎ Microsoft 公司的強項是針對商務領域推出的各項服務

» 遊戲產業與元宇宙

Epic Games 公司的強項不只有《要塞英雄》

在遊戲產業中，**Epic Games 公司**對於投入元宇宙領域特別積極。該公司的遊戲作品《要塞英雄》已經擁有諸多用戶，只要將現有的遊戲功能加以擴充，服務就能更貼近元宇宙的概念。

此外，Epic Games 公司也開發、供應遊戲引擎，稱為 Unreal Engine（虛幻引擎），這個系統也受到其他大型遊戲公司的使用。因此，其他遊戲公司在開發元宇宙的服務時，也可能間接使用了 Epic Games 公司的服務。不僅如此，除了遊戲以外，Unreal Engine 在現實生活中也可以應用於商業領域，例如汽車與建築設計的模擬等。元宇宙越是普及，Epic Games 公司的影響力應該會越加提升（圖 2-9）。關於遊戲引擎會在 **4-2** 詳細說明。

Square Enix 公司也加強去中心化遊戲技術

日本國內的遊戲公司 **Square Enix** 對於元宇宙也積極展開行動。針對《勇者鬥惡龍》與《Final Fantasy》等受歡迎的遊戲推出線上遊戲，並獲取世界各地的用戶。

不僅如此，除了既有的遊戲模式，也就是遊戲公司決定遊戲的故事背景與玩法並加以販售之外，Square Enix 公司也投入開發區塊鏈遊戲，運用區塊鏈技術開發「遊玩」、「賺取收入」、「交流」等功能，讓各個用戶能夠自行決定如何從遊戲中獲得樂趣。這樣的遊戲就稱為去中心化遊戲，與元宇宙的相容性也很高（圖 2-10）。

| 圖 2-9 | Epic Games 公司的強項 |

開發、供應
遊戲引擎 Unreal Engine

《要塞英雄》等
受歡迎的遊戲系列

遊戲以外產業的
CG 模擬基礎設施

| 圖 2-10 | Square Enix 公司的強項 |

兼具線上、離線遊戲
之專業知識

SQUARE ENIX

《勇者鬥惡龍》與
《Final Fantasy》等
受歡迎的遊戲系列

迅速投入去中心化
遊戲的開發

Point

🖊 遊戲產業中，Epic Games 公司對於投入元宇宙相當積極

🖊 除了《要塞英雄》之外，遊戲引擎也是 Epic Games 公司的強項

🖊 Square Enix 公司也積極投入去中心化遊戲的開發

≫ 區塊鏈產業與元宇宙

未來成長可期的區塊鏈產業

要明確定義區塊鏈產業並不容易,而目前**結合區塊鏈技術與元宇宙的服務**,主要是由國外的新創公司投入開發。區塊鏈技術與元宇宙結合之後,未來服務的擴大可能是由用戶主導,而非企業。

舉個具體的例子,用戶可以在元宇宙中製作各種內容,並以 NFT 的形式販賣,或是讓元宇宙中的物品以 NFT 的形式產生價值,如此一來,用戶將能在元宇宙中實際獲利,社群與服務自然也會隨之拓展(圖 2-11)。

挑戰元宇宙 X 區塊鏈的 Animoca Brands 公司

經營《The Sandbox》的 **Animoca Brands** 公司,是供應結合元宇宙與區塊鏈技術服務的企業之一。該公司**推出許多結合 NFT 與區塊鏈的服務**,同時也正在募集巨額的資金。

Animoca Brands 公司的特色在於它並不算是遊戲公司,而是以 NFT、區塊鏈機制為核心來建構元宇宙的服務等(圖 2-12)。

《The Sandbox》是透過以**加密資產**購入元宇宙裡的土地來加入服務。此外,用戶也可以製作物品與虛擬分身,或是製作遊戲,並將這些內容轉為 NFT 進行買賣。所買賣的 NFT 可以再轉賣,售出後獲得的加密資產也可以兌換成現金,因此部分玩家遊玩元宇宙的同時,也一邊實際賺取收入。乍看之下只是一般的遊戲,不過與以往的遊戲在機制上卻截然不同。

圖 2-11　區塊鏈 X 元宇宙可以做到的事

製作、販賣
NFT 內容

將元宇宙中的物品
轉為 NFT

透過 NFT
賺取加密資產與現金

圖 2-12　Animoca Brands 公司的強項

區塊鏈遊戲開發、銷售
的專業知識

《The Sandbox》
等元宇宙服務

投資 NFT 與
加密資產相關服務

Point

✐ 開始出現推出區塊鏈結合元宇宙服務的企業

✐ Animoca Brands 公司推出許多區塊鏈服務

✐ 也投資 NFT 與加密資產相關服務

≫ 支持著元宇宙的企業

所有企業都與元宇宙有關？

截至目前，我們介紹了對元宇宙態度積極的許多企業，並將其概分為三個類別。不過，與元宇宙相關的企業與產業當然不只有這些。

舉例來說，由於元宇宙的普及，VR 裝置的需求提升，這樣一來，用於製作 VR 硬體的半導體需求也會隨之增加。另外，隨著元宇宙的普及，元宇宙裡的電子商務與廣告等也成長可期（圖 2-13）。

受到矚目的 NVIDIA

各家企業開始推出元宇宙的相關服務後，供應建構元宇宙工具的企業也會隨之成長。例如 **2-5** 的說明，Epic Games 公司也供應 Unreal Engine 的服務，這樣一來，即使 Epic Games 公司推出的元宇宙相關服務失敗，只要其他開發成功的元宇宙服務是透過 Unreal Engine 開發，Epic Games 公司就能獲益。

在提供建構元宇宙服務的企業中，**NVIDIA** 相當受到關注。NVIDIA 供應個人電腦與遊戲主機等機器所需要的半導體，**因此在元宇宙市場受到關注的同時，未來其產品也很有機會維持高需求。**

此外，NVIDIA 也供應「NVIDIA Omniverse」開發工具，使用這個工具，用戶能以較簡單的方式建立 3D 空間，也可以建構元宇宙，或是進行工廠的模擬等（圖 2-14）。

如前述，NVIDIA **供應半導體與元宇宙開發工具，是一家在背後支持著元宇宙的企業，因此備受矚目。**

圖 2-13　可運用元宇宙的商業領域

任何產業結合元宇宙，都會產生新商機！

圖 2-14　NVIDIA 的強項

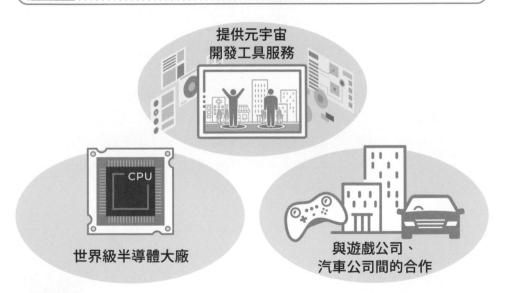

Point

⊿ 我們無法斷定任何產業與元宇宙全然無關

⊿ 隨著元宇宙受到關注，半導體廠商 NVIDIA 也備受矚目

⊿ NVIDIA 提供元宇宙開發工具，很有機會與各式企業合作

» VTuber 與元宇宙

VTuber 也進軍元宇宙？

隨著元宇宙相關服務的普及，也開始出現許多在平台內提供各種內容的企業與用戶，像是稱為「VTuber」的「**虛擬 YouTuber**」在元宇宙的發展也備受期待（圖 2-15）。

VTuber 是以 2DCG 或 3DCG 呈現出角色的虛擬分身，是透過虛擬分身在 YouTube 等影音網站上傳影片、進行直播的創作者。以往都是運用 YouTube 與社群網路服務等與用戶交流，不過，隨著元宇宙的普及，VTuber **很可能會開始在元宇宙空間舉辦各種活動**。

VTuber ✕ 元宇宙的相容度

許多人認為「元宇宙」與「VTuber」在商業層面上應該相當契合。首先，前提是 VTuber 在國內外已經相當受到歡迎。以 YouTube 的超級留言功能為例，日本的 VTuber 已經透過此功能賺取了 1 億日圓以上的贊助。如果這些受歡迎的 VTuber 在元宇宙的空間上舉辦活動，想必也能聚集許多國內外的用戶吧。

此外，VTuber 是以 CG 製作的虛擬分身進行活動的，因此支持者要觀看也只能瀏覽影片。即使 VTuber 想要將活動領域拓展到影片之外，舉辦非線上的活動也並不容易，與支持者之間的交流方式有所限制。不過，**若是 VTuber 在元宇宙空間上舉辦活動，觸及支持者的方式就會增加，並且能與更多的支持者加深關係，這也有助於提升收益**（圖 2-16）。

圖 2-15 什麼是 VTuber ？

VTuber 主要是透過 YouTube 等
影音服務，以虛擬分身
發布影片的創作者

LIVE! 直播

唱歌

跳舞

遊戲實況

圖 2-16 VTuber 的收益來源

PR 影片廣告收入
企業的業配

商品販售
與活動

直播中的贊助

Point

∥VTuber 相當受歡迎，未來如何在影片之外觸及支持者會是重要課題

∥若使用元宇宙，VTuber 舉辦活動的難度也會降低

∥VTuber 與支持者之間的關係加深，將有機會讓收益提升

» 日本如何面對元宇宙的浪潮

日本與元宇宙的關聯性

本章介紹了與元宇宙有關的商業環境與全球的各式企業，所介紹的企業中，有些是日本國內的企業，對日本來説，元宇宙的普及也是很大的商機。除了所介紹的企業，**日本國內還有許多企業正在發展元宇宙的應用。**

日本國內企業積極發展元宇宙的背景因素可概分為二（圖 2-17）。第一，**元宇宙是前景看好的領域，可能創造出與智慧型手機普及不相上下的商機。**第二，**日本原本就有動漫與遊戲文化，對元宇宙並不感到抗拒，且企業也可以將過去動畫製作與遊戲開發的經驗直接運用於元宇宙。**

日本與元宇宙的未來

在全球企業紛紛摩拳擦掌加入元宇宙市場的浪潮下，日本應該如何因應？如果與擁有巨額資金的海外企業，如 Meta 公司與 Microsoft 公司等採取相同的策略，成長幅度恐怕還是有限。

現在，在日本國內發展元宇宙的許多企業正運用自家公司與日本的強項，試圖從各個面向來開拓市場。有些企業決定要「開發新的元宇宙平台」，有些企業則認為「要以自行製作的內容取勝，平台開發就交給其他企業！」。發展元宇宙有各式各樣的方式，但「元宇宙」對日本來説是很大的商機，這點無庸置疑（圖 2-18）。

圖 2-17　日本企業發展元宇宙的背景

是繼智慧型手機之後
的一大商機

● 人民皆對動漫與遊戲相當熟悉
● 有許多開發遊戲的經驗與受歡迎的作品

圖 2-18　發展元宇宙的日本企業

遊戲
×
元宇宙

動漫
×
元宇宙

VTuber
×
元宇宙

直播
×
元宇宙

社群網路服務
×
元宇宙

等

Point

✍ 日本國內的企業也試圖從各個面向切入元宇宙的市場

✍ 對日本來說，元宇宙會是一大商機

✍ 日本具有動漫、遊戲的文化與知識，很適合發展元宇宙

試著對元宇宙企業進行商業分析

● 查詢股價的變化

例如，在 Google 上搜尋「Meta　股價」，網頁上就會以圖表的方式，呈現出 Meta 公司一直以來的股價變化趨勢。股價代表的是市場對於企業的評價，針對股價變化較大的時間點，我們可以試著思考原因並進行分析。

URL：https://www.google.com/search?q=%E3%83%A1%E3%82%BF+%E6%A0%AA%E4%BE%A1&oq
=%E3%83%A1%E3%82%BF%E3%80%80%E6%A0%AA%E4%BE%A1&aqs=chrome..69i57j0i4i3
7i131i433i512j0i4i37i512l3j0i512l5.2442j1j7&sourceid=chrome&ie=UTF-8

● 瀏覽財務報表

企業公開的財務報表也可以作為商業分析的參考依據。Meta 等國外企業提供的是英語資料，不過日本國內的企業，會使用日語進行簡單易懂的說明。

瀏覽財務報表就能針對該公司的現況、未來發展與策略等進行分析。

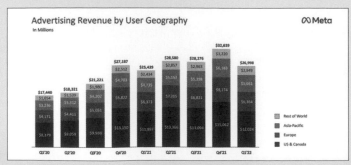

URL：https://s21.q4cdn.com/399680738/files/doc_financials/2022/q1/Q1-2022_Earnings-Presentation_
Final.pdf

第3章

元宇宙與 Web3.0

～區塊鏈技術與元宇宙的關聯性～

» Web3.0 的誕生

回顧互聯網的歷史

在互聯網黎明期（1990 年～），網路是在沒有特定管理者（非中央集權式）的開放思想下被建構。在那個時代，任何人只要有瀏覽器都可以取得資訊，瀏覽器上顯示的資訊並未受到任何人的控制。

到了 2000 年以後，網路相關思想開始產生變化。掌握著應用程式的科技巨擘，讓每個人不僅能接收、瀏覽，還能發布、分享資訊。此外，這個時期平台端開始對瀏覽的資訊具有掌控能力（中央集權式），例如能提供不同的資訊給不同的用戶瀏覽。

然而，原本屬於加密資產相關應用的區塊鏈出現後，**互聯網的世界開始從由平台掌控的中央集權式，轉而走向不具管理者的分散式（非中央集權式）**。

網路世界從科技巨擘的天下走向「第三階段」，這個浪潮就是 Web3.0（圖 3-1）。

Web3.0 的重點

Web3.0 的興起，受到幾個重要的背景因素影響（圖 3-2），例如 NFT（請參考 3-4）、創作者經濟（請參考 3-5），以及分散式自治組織（DAO）（參考 3-9）等。

這些技術的基礎都建立在區塊鏈技術上，可說是**個體創作者奪回以往由大型平台所掌握權利的分散式（非中央集權）結構**。

元宇宙受到討論的原因之一，正是這個使用區塊鏈技術的新分散式互聯網。而元宇宙與分散式互聯網間具有什麼樣的關聯，將從下一節開始介紹。

圖 3-1　互聯網的歷史

Web1.0

●開放、非中央集權
●並未受到任何人控制

Web2.0

平台　　　個人
G a ＞ 😆
Ⓜ 🍎

●由科技巨擘掌握
●網路中央集權化

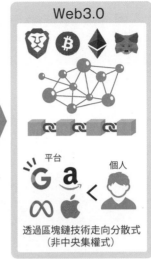

Web3.0

平台　　　個人
G a ＜ 😊
Ⓜ 🍎

透過區塊鏈技術走向分散式
（非中央集權式）

圖 3-2　Web3.0 興起的背景

NFT

創作者：○○
擁有者：○○
交易紀錄

創作者經濟

DAO

不可竄改
之特性
（規則）

區塊鏈

Web3.0 以區塊鏈技術為基礎，是新的分散式互聯網

Point

🖉 Web3.0 是運用區塊鏈技術建構的新分散式互聯網

🖉 互聯網的世界開始從中央集權走向分散式

🖉 Wcb3.0 的結構讓個人創作者拿回平台所握有的權利

≫ 區塊鏈的技術

區塊鏈的基本機制

區塊鏈這項技術,是將交易紀錄以區塊為單位管理,並透過加密技術,將以前到現在的資料以鏈子(chain)的形式串連、記錄,以確保交易紀錄正確(圖 3-3)。

一個區塊主要是由交易資料、串連各區塊時需要的前一區塊資訊(雜湊值),以及將雜湊值以一定條件調整後的隨機變數所組成。多個區塊串連起來後,就形成區塊鏈。

雜湊是進行資料通訊時,將交易資料轉換為英數字的排列,藉此加密資料的一種技術,而加密後的英數字排列就稱為雜湊值。雜湊值需要符合一定的條件,在區塊得出符合條件的雜湊值為止,必須不斷帶入數值到隨機變數中進行計算,這個計算的過程就稱為挖礦。

分散式系統讓用戶間可以直接交易

即使資料僅受到些微竄改,也會得出截然不同的雜湊值,這樣一來就必須重新計算所有的隨機變數,並更新計算結果。由於竄改資料的速度追不上建立新區塊的速度,一般認為**區塊鏈實質上是無法被竄改的**。

有別於具有特定管理者的中央集權式系統,無法竄改的交易紀錄是以分散式系統的方式管理(圖 3-4)。由於沒有管理員,也並不是將內容寫入特定的伺服器,因此是由所有的用戶共享、監督。**用戶間能以安全的方式直接交易,不需透過第三方機構**等,這正是區塊鏈的潛力所在。

圖 3-3　　區塊鏈的基礎機制

交易紀錄	交易紀錄	交易紀錄	交易紀錄
雜湊值	雜湊值	雜湊值	雜湊值
隨機變數	隨機變數	隨機變數	隨機變數

前一區塊資訊

交易紀錄
A轉給B
100元……

上上個區塊資訊
（雜湊值）
000000018778FB……

隨機變數
？？？？？？？？

以前一區塊的
三筆資訊算出雜湊值
（35FDB37889B……）

雜湊函數 → 一定條件的雜湊值 0000000B3B7FB……

得出一定條件的值

帶入各種數值到
隨機變數中 → 挖礦

下一區塊資訊

交易紀錄

上個區塊資訊
（雜湊值）

隨機變數

圖 3-4　　中央集權式系統與分散式系統

中央集權式系統

以往具有特定管理者的系統

分散式系統

即使不具特定管理者，
用戶間也能直接進行交易

Point

⟋ 區塊鏈是一項實質上不可竄改的技術

⟋ 不可竄改的交易紀錄是以分散式系統管理，而非中央集權式

⟋ 即使不透過第三方機構，用戶間也能以安全的方式直接交易

≫ 以太坊的機制

以太坊的特色——智慧合約

以太坊指的並不是加密資產本身,它其實是指具備智慧合約這項特殊功能的平台。而平台上所使用的貨幣則稱為以太幣(ETH)。

在以太坊的平台上建構、運作分散式應用程式,就可以記錄何時交易、誰與誰交易、交易金額等加密資產的基本交易資訊,以及讓各式各樣的應用程式得以記錄、執行。

智慧合約是以太坊具代表性的一大特色,是讓一直以來手動執行的契約能在區塊鏈上**自動執行的系統**(圖 3-5)。

運用區塊鏈不可竄改的特性,在區塊鏈上寫下合約的紀錄,不需要人為介入,就可以在高安全性之下締結合約。

分散式應用程式(DApps)的開發

在以太坊平台上也能開發分散式應用程式(**DApps**)。

DApps 是「Decentralized Application」的縮寫,意思是運用區塊鏈技術的非中央集權式應用程式。由於是以智慧合約為基礎,因此在沒有中央管理的情況下,就能維護、管理應用程式在區塊鏈上的紀錄、資料等。

分散式應用程式與既有的電腦、手機應用程式有許多不同之處,例如資料不可竄改、運作規則也可以在用戶同意下進行修改等(圖 3-6)。目前 DApps 受到矚目的領域,**主要是 NFT 與金融領域**。

圖 3-5 智慧合約＝合約的自動化

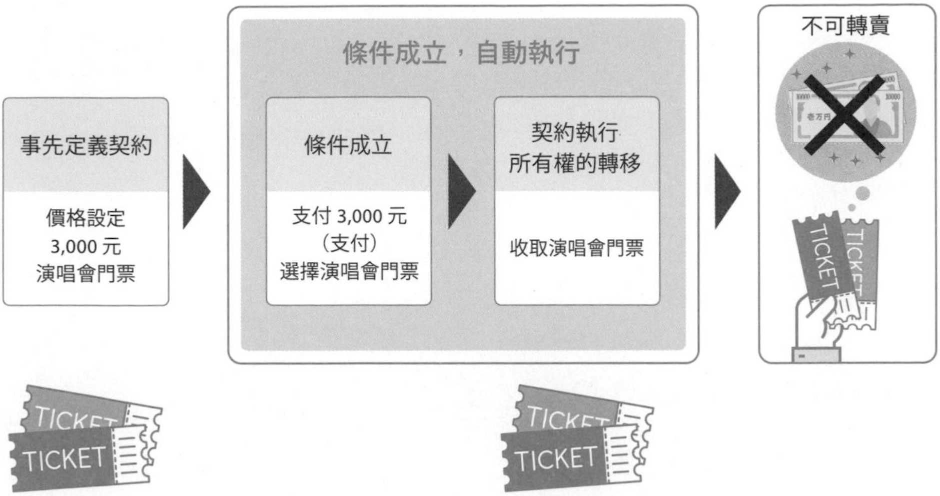

事先定義契約	條件成立，自動執行		不可轉賣

事先定義契約

價格設定
3,000 元
演唱會門票

▶

條件成立，自動執行

條件成立

支付 3,000 元
（支付）
選擇演唱會門票

▶

契約執行
所有權的轉移

收取演唱會門票

▶

不可轉賣

圖 3-6 DApps 與一般應用程式的比較

	一般的應用程式 （電腦、手機應用程式）	DApps
管理制度	中央集權式 （由開發端、企業管理）	分散式 （沒有特定管理者） ※具有運作規則
資料修正	開發端、企業可以修正資料	不可修正資料、不可竄改
運作規則的變更	開發端、企業可以變更	在用戶的同意下可以變更
停止運作	有停止運作的時間 （伺服器維護等）	持續運作

Point

🖉 以太坊指的是具備智慧合約這項特殊功能的平台

🖉 智慧合約可以讓合約自動執行

🖉 分散式應用程式（DApps）在 NFT 與金融領域備受關注

》 NFT 的基礎知識

NFT 能證明什麼？

NFT 是 Non-Fungible Token 的縮寫，翻譯後亦可稱為非同質化代幣。NFT 是運用以太坊等區塊鏈機制，賦予每一筆數位資料可識別的編碼，藉此識別該數位資料是否為原始資料。由於可以識別數位資料，NFT 也被稱為**數位資料的所有權**，是目前 Web3.0 的一大重點。

過去由於數位型態的資料可以複製，要賦予數位資料價值並不容易，不過，NFT 讓我們能識別數位資料是否為原始資料，也能證明所有權，這讓**數位內容本身能具有價值**（圖 3-7）。

NFT 讓數位資訊具有獨一無二的價值

NFT 數位資料是透過區塊鏈技術，將所有的交易紀錄公開（圖 3-8）。某個數位資料是在何時、由誰所製作，過去是由誰擁有，到目前為止曾被以多少金額交易等，每一筆數位資料都被當成是不同的資產，具有自己的價值。一般認為，區塊鏈技術讓資產資訊的竄改變得極為困難。

此外，從供需平衡的觀點看來，以往數位資料的供應並不可控制，不過 NFT 能夠證明數位資料的唯一性，因此**能進行供應控制（限制數量）**，藉由增加稀少性讓價值提升。

由於 NFT 會在區塊鏈上留下所有權的證明紀錄，讓資產保持獨一無二的既有價值，因此可以說是無法取代（具不可替代性）的數位資產。

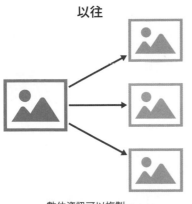

圖 3-7 ∙∙∙∙∙ **NFT 帶來的改變**

以往　　　　　　　　　　　　　有了 NFT 以後

區塊鏈

數位資訊可以複製，
因此要讓其具備價值並不容易

能判斷數位資訊是否為原始資訊，
並證明所有權，這樣一來資訊就具有價值

圖 3-8 ∙∙∙∙∙ **以 NFT 打造交易紀錄公開、獨一無二的數位資產**

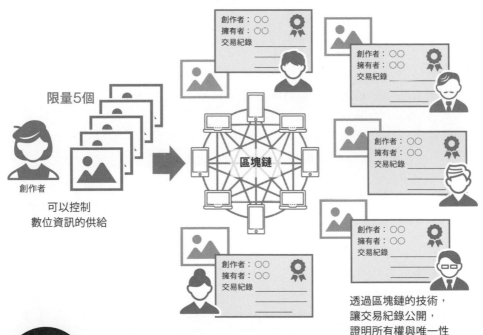

限量5個

創作者

可以控制
數位資訊的供給

區塊鏈

創作者：○○
擁有者：○○
交易紀錄

透過區塊鏈的技術，
讓交易紀錄公開，
證明所有權與唯一性

Point

✎ NFT 可以證明數位資訊的所有權

✎ 數位資訊具有獨一無二的原始價值

✎ NFT 讓數位資訊的供給能被控制

》 創作者與 NFT

NFT 交易引起的改變

價值被公開於區塊鏈上的 NFT 作品，在各個市場中的交易相當熱絡。作品的種類也非常豐富，從藝術、音樂、照片、圖片，一直到元宇宙中所使用的物品等，有許多數位資產都以 NFT 的型態銷售。

此外，區塊鏈技術為交易中的創作端，例如創作者帶來好處，因為 NFT 作品在二級市場中的交易具備一項機制，會將一定的報酬回饋給製作端的創作者。

以往創作者只有在賣出作品的當下才能獲利，然而，以 NFT 來說，即使是在之後的二級（中古）市場，只要事先設定，製作作品的創作者就能持續收取權利金（手續費）（圖 3-9）。這也稱為**創作者與藝術家的經濟變革，讓能夠持續將收益回饋給創作者的機制成形**。

其他比較大的改變，包含任何人都能夠創作、獲取收益的環境，以及創作者經濟（不依靠大型平台**就能直接連結支持者並賺取收益**的經濟圈趨勢）形成。

對 NFT 的錯誤認知

我們必須有個正確認知，並不是 NFT 就一定有價值。許多 NFT 的作品在不具價值的情況下持續增加。

NFT 只能證明數位資訊的所有權，在價值公開的情況下進行交易，並無法賦予該筆資訊價值（圖 3-10）。

有些人會以投機的心態看待 NFT，這時候判斷 NFT 是否具有價值就相當重要。

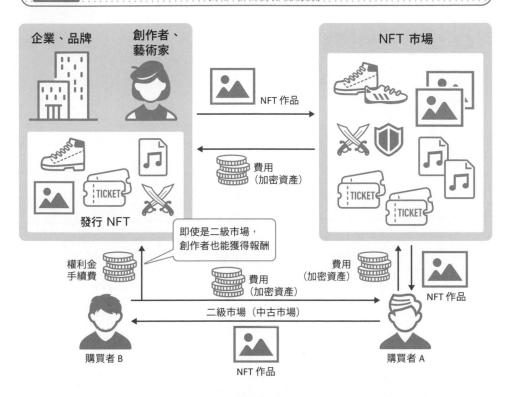

圖 3-9　二級市場的創作者報酬

企業、品牌　創作者、藝術家

NFT 作品 →

← 費用（加密資產）

發行 NFT

NFT 市場

即使是二級市場，創作者也能獲得報酬

權利金手續費

費用（加密資產）

二級市場（中古市場）

費用（加密資產）

NFT 作品

購買者 B

NFT 作品

購買者 A

圖 3-10　NFT 本身並不具價值

NFT ✕ 價值

稀少性　收藏性　影響力

較容易讓 NFT 產生價值的因素

NFT

製作者：○○
擁有者：○○
交易紀錄

公開所有權證明與價值，設定為可交易的狀態

Point

∥即使在二級市場，也可以持續回饋收益給創作端

∥形成可直接與支持者連結的創作者經濟

∥NFT 只是將所有權與價值公開，並不是 NFT 就一定具有價值

≫ 社群與 NFT

擁有 NFT 就擁有社群的參與權

元宇宙受到熱烈討論的原因之一，是因為 NFT 能夠證明各種數位資訊的稀少性以及獨一無二的價值。以《The Sandbox》遊戲為例，遊戲中的 LAND（土地）就是 NFT，而且數量有限，如果手中沒有 LAND，就不能以地主的身分參與遊戲。

目前也開始出現部分這類型的案例，擁有具稀少性的 NFT 就擁有社群的參與權，這讓 NFT 的價值更為提升。其他例子還有活動與演唱會以 NFT 門票（會員證）作為參與權利的證明，往後 NFT 的應用應該也會出現更多不同的情境（圖 3-11）。

元宇宙上的社群與任務

在元宇宙的社群上有一件事的重要性日益提升，那就是任務。這裡所說的任務，是指社群的目的本身，以及為達目的所採取的行動。任務相當多元，像是在遊戲中與夥伴合作遊玩、參加喜愛歌手的演唱會，或是和他人互相展示自己的收藏等。而這些任務就會牽涉到各式各樣的 NFT 作品（服裝、武器、門票、商品等）（圖 3-12）。

人們聚集的目的與行動（任務）、參與權與服裝（NFT 作品）在形成社群的同時，也會擴展社群，讓 NFT 的價值提升。如果能透過任務，在元宇宙上與家人、朋友，有時甚至是不認識的人一起同樂、對話，往後在社群裡或許就會出現各種可能，像是工作、遊戲、戀愛等。

在社群裡就和現實生活中一樣，會在與他人見面之前打扮自己，表達自己的意見等，在虛擬的空間裡也能夠建立自己的身分認同。

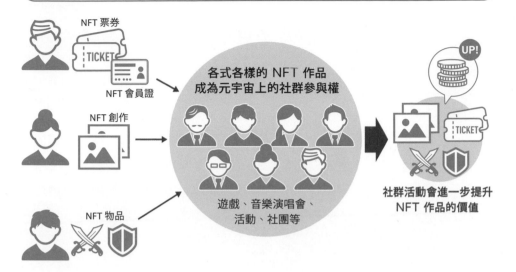

圖 3-11　等同於參與權的 NFT

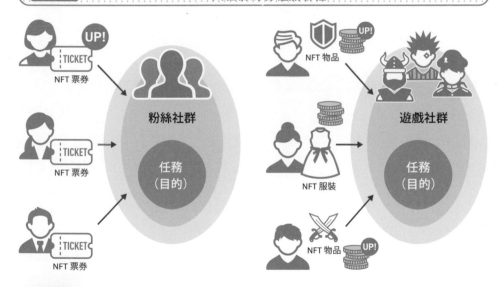

圖 3-12　NFT 與社群的各種關聯性

Point

∥ NFT 也可以是社群的參與權

∥ 任務在社群裡重要性日益提升

∥ 所有任務與 NFT 作品在形成社群的同時可能會擴展社群，或是 NFT 作品的價值會
隨之提升

» 數位身分認同與 NFT

數位時尚與身分認同

就像是我們出門和與人碰面時會打扮一番，讓自己心情更好一樣，自己的虛擬分身也可以穿上各式服裝與配戴飾品。虛擬分身穿上數位的衣服與鞋子、配戴飾品打扮，這種數位時尚正形成**新興的產業，並且十分活絡**。甚至開始有數位時尚的品牌成立，虛擬分身也能穿戴具稀少性的限量品，或是知名品牌的 NFT 作品等（圖 3-13）。

無論是在虛擬空間上參加社群時依據時間、地點、場合進行的服裝選擇、攜帶的物品，或是作為展現自我的一種方式，元宇宙上的**數位身分認同**與數位時尚都有著很大的關聯。

元宇宙中的自己

在元宇宙中，用戶可以在不受物理限制的情況下展現自己。既能夠以近似於真實世界中的樣貌參與虛擬會議，也可以呈現出與真實自我截然不同的外型。或許將來用戶會依據參與的社群，自由地展現不同樣貌（虛擬分身）（圖 3-14）。

往後，元宇宙上各式各樣的活動開始舉辦時，我們究竟要將虛擬分身認定為另一個自己，又或者是某個對自己很重要的人？無論如何，使用虛擬分身時的心態不要太過隨便，因為**虛擬分身也具有身分認同**。

當我們從物理限制與實際的身體解放，也不見得再是一個「人」，我們或許會在虛擬空間追求日常生活中的事物，並開始展現真實世界裡所無法展現的自我。

圖 3-13 虛擬分身與時尚

NFT 作品

虛擬分身穿在身上的
品牌商品

社群

社群

在元宇宙中,無論是依照不同社群進行服裝選擇,
或是作為展現自己的一種方式,數位時尚都不可或缺

圖 3-14 能以虛擬分身追求的事物

從物理限制與
生理上的限制解放,
成為另一個自己

與現實世界相同,能夠聊天,或是與朋友交流

在現實世界中做不到的事,在虛擬空間裡則變得可能

● 在虛擬空間中,存在著虛擬分身這樣一個人
● 擁有身分認同,會有「想做這件事」、「喜歡那樣物品」等想法

Point

✎ 數位時尚對虛擬分身來說不可或缺

✎ 數位時尚這個全新產業變得興盛

✎ 從物理限制與生理限制解放後的另一個自己(虛擬分身)也具有身分認同

≫ 解析元宇宙

從三個元素來思考元宇宙

截至目前，我們介紹了 NFT 與創作者、社群、數位身分認同等，這些元素在元宇宙上可以說是環環相扣。

在元宇宙的社群裡透過任務與其他用戶同樂、共度時光時，選擇適合社群的服裝，或是這些 NFT 作品在二級市場流通時創作者持續收取授權金，這三個元素環環相扣，同時 NFT 作品也發展出各種型態（圖 3-15）。

就像是我們去工作時穿著西裝，去露營時穿戶外運動服裝一樣，我們是以虛擬分身之姿進入虛擬世界。未來，或許這在生活中會成為常態。

真實世界與元宇宙

隨著以虛擬分身活動趨於常態，**真實世界與虛擬世界的界線或許將逐漸消失**。

藉由 NFT 提供數位資訊的所有權證明、公開價值，讓以往在虛擬空間上無法實現的事情變得可能，**未來相關應用應該也會更加貼近日常**。

即使有許多事物在虛擬空間上開始變得可行，但這不會是終點。未來可能會區分真實世界與虛擬空間的應用，走向更便利且舒適的生活。此外，虛擬空間裡正在形成全新的組織型態——扁平的自治性組織，這與傳統的組織型態截然不同。

圖 3-15 三個元素的關聯性

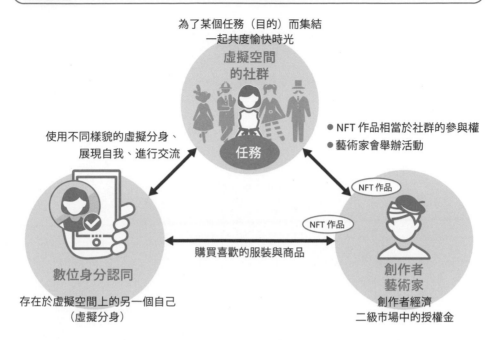

為了某個任務（目的）而集結
一起共度愉快時光

虛擬空間
的社群

任務

使用不同樣貌的虛擬分身、
展現自我、進行交流

● NFT 作品相當於社群的參與權
● 藝術家會舉辦活動

NFT 作品

NFT 作品

數位身分認同

存在於虛擬空間上的另一個自己
（虛擬分身）

購買喜歡的服裝與商品

創作者
藝術家

創作者經濟
二級市場中的授權金

圖 3-16 使用虛擬分身會變成常態！？

娛樂、工作、
開會、購物等

工作
穿著西裝

露營
戶外運動用服裝

虛擬空間
使用虛擬分身

使用虛擬分身前往虛擬空間，在生活中將變得理所當然

Point

✐ 現實世界與虛擬空間的界線將會消失，往後元宇宙也可能成為日常，可以自由進出

✐ 元宇宙不只能運用在遊戲，往後也可能會以更貼近日常的型態存在於生活中

» 元宇宙中組織型態的變化

分散式自治組織（DAO）是什麼？

DAO 是 Decentralized Autonomous Organization 的縮寫，意思是分散式自治組織。到目前為止我們在許多情境中看到的是權力集中在中央，並由中央所控制，也就是中央集權式。對比中央集權式，分散式自治組織**在運作上以及報酬的獎勵設計等方面，都是以非中央集權的方式進行**（圖 3-17）。

自治指的是具備由眾人協力運作的機制。例如專案參與者藉由收取金錢獎勵，自發性協助組織與專案成功運作。分散式是指扁平的權力分散式組織型態。而進行重要決策時，有時會根據社群內的投票結果來變更與新增內容。

DAO 能順利運作的原因

一直以來許多人認為運作不易的 DAO 組織，為何如今比以往更容易導入？這是因為有了區塊鏈的智慧合約技術。組織與社群的重要規則與管理等都能藉由智慧合約進行編碼，**成為無法竄改的規則，如此一來，即使在網路上也能讓扁平的組織運作**（圖 3-18）。

這種不必相互監視的狀態，也稱為去信任（Trustless）。DAO 是 Web3.0世界裡專案的運作型態，**所有稱為元宇宙的虛擬社群中，也有部分是採用DAO 的組織型態**。

圖 3-17　傳統組織與元宇宙中組織的差異

指示型（中央集權式）組織

組織在領導者（管理者）的
指示下運作

分散式自治組織

在扁平的關係裡，
各成員會相互合作，自發性運作組織

組織
社群

圖 3-18　區塊鏈中無法竄改的規則

網路上的扁平關係順利運作

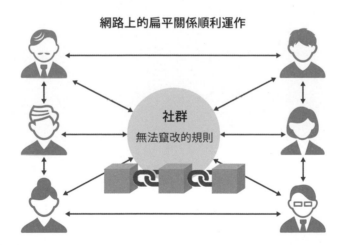

社群

無法竄改的規則

Point

✐ DAO（分散式自治組織）是指以非中央集權式運作、進行獎勵設計的一種組織
型態

✐ 無法竄改的規則，讓網路上的分散式自治組織能順利運作

✐ 元宇宙的社群中，有些是以 DAO 的型態運作

小 試 身 手

查看NFT的作品

OpenSea 有著各式各樣的 NFT 作品交易,並且是世界最大的市場。

在 OpenSea 市場中,每個人都可以製作、發行,甚至是購買 NFT,CryptoPunks 與 BAYC 等世界知名的 NFT 也在市場中流通。此外,NFT 的種類也相當豐富,如藝術作品、遊戲裡的物品與土地,以及音樂等。

首先,請實際查看 OpenSea 裡有哪些 NFT 作品吧。

此外,在日本也有幾個 NFT 的市場。如下:

Coincheck NFT　https://coincheck.com/nft
LINE NFT　https://nft.line.me/
樂天 NFT　https://nft.rakuten.co.jp/
Mime　http://miime.io/ja/
FiNANCiE　https://financie.jp/

如果有興趣的話,網路上有許多文章對於註冊、販賣方式等有著詳盡的介紹,可以參考其內容,試著發行屬於自己的 NFT 作品。

元宇宙的圖形呈現

～透過 3DCG 與設計呈現出世界觀～

》 如何呈現元宇宙

元宇宙作為應用程式

接下所介紹的是稍微偏向技術性的內容，究竟元宇宙是如何建立的呢？

有的元宇宙是**在遊戲平台上以遊戲的形式運作，有的是在網頁瀏覽器上以網頁的方式運行，也有些元宇宙是在智慧型手機與 Windows 等作業系統上運作**。以上無論哪一種，都屬於**應用程式**。這些應用程式是透過各種被稱為綜合開發環境的工具所製作，有些更是以 Unity 與 Unreal Engine 等 3D 跨平台**遊戲引擎所開發**。

此外，在近年去應用程式的概念下，有些案例為了呈現 3D 畫面，也會使用 Three.js 與 Babylon.js 等**網頁框架**（圖 4-1）。

以圖形呈現

接著讓我們來思考元宇宙的外觀。元宇宙也和電影、遊戲一樣，需要呈現出「世界觀」。就像人們會著迷於實際存在於現實生活的知名建築物，以及大自然所打造的壯闊風景一般，元宇宙也必須讓用戶產生舒適、期待的感受，並帶來各種刺激。

元宇宙與真實世界不同，沒有物理上的限制，可以創造出任何事物。打造元宇宙外觀的技術是 CG 技術，不過本章節的說明，是以具有三維空間資訊的 **3DCG** 技術所打造的元宇宙為主軸。構成元宇宙外觀的元素，有以 CG 模型打造的空間結構、具有顏色、質地等資訊的質感，以及打造空間氛圍的燈光等，相關的設計程序有很多（圖 4-2）。

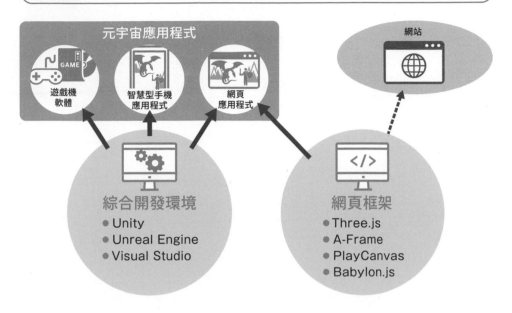

圖 4-1 元宇宙應用程式的開發環境

元宇宙應用程式

網站

遊戲機
軟體

智慧型手機
應用程式

網頁
應用程式

綜合開發環境
- Unity
- Unreal Engine
- Visual Studio

網頁框架
- Three.js
- A-Frame
- PlayCanvas
- Babylon.js

圖 4-2 虛擬空間的 CG 元素

背景

燈光

空間模型

角色

趣味模型

質感

Point

✎ 元宇宙的應用程式各式各樣,有遊戲機應用程式,也有網頁與智慧型手機的應用
程式等

✎ 開發元宇宙會使用遊戲引擎與網頁框架

✎ 元宇宙的世界是以各種 3DCG 的結構呈現

≫ 元宇宙的開發技術

可用來開發 3D 遊戲的遊戲引擎

遊戲引擎是將開發遊戲過程中經常使用的功能等事先加入，讓遊戲開發變得更有效率的軟體。其中，**Unity（Unity Technologies）、Unreal Engine（Epic Games）等特別有名**，也打造出許多遊戲（圖 4-3）。

使用 Unity 的開發者人數眾多，也有許多公開資訊，只要有意願，就能查詢資訊自行學習。

由於 Unreal Engine 能夠呈現出如實景般的真實圖形，因此打造出許多知名的遊戲。這個遊戲引擎的開發端就是推出知名元宇宙《要塞英雄》的 Epic Games，不過，相較於 Unity，它的資訊較少，初學者如果要自行學習，難度或許較高。

能夠呈現外觀的電腦圖學

電腦圖學大致上可以分為 2D 與 3D（圖 4-4）。2D 是不具深度資訊的平面資訊。由於元宇宙需要具備沈浸式的感受，因此在元宇宙領域提到 CG 時，大多都是 3DCG。

3DCG 軟體有很多種，較知名的有 3ds MAX、MAYA、Cinema 4D、Blender 等。其中 **Blender 並不收取授權費，相關的資訊也很多，因此是相當適合初學者的軟體。**

3DCG 是以稱為 **Polygon** 的多邊形的面所構成。Polygon 的數量較多，就稱為高面數（High-Poly），主要用於製作電影中會出現的高精細 3DCG 影像。反之，Polygon 的數量較少就稱為低面數（Low-Poly），其目的是抑制資訊容量，讓遊戲機與智慧型手機能進行即時繪圖處理。**在元宇宙的領域，由於是使用一般電腦與 VR 裝置等進行繪圖處理，因此需要的是資訊容量較少的低面數 3DCG 資訊。**

圖 4-3　Unity 與 Unreal Engine 的比較

對初學者來說容易使用

Unity

如果需要繪圖

Unreal Engine

- 支援各式平台
- 相關資訊豐富

- 較佳的圖學相關功能
- 相關資訊較少

圖 4-4　電腦圖學的種類

2D

沒有深度資訊
的二維資訊

3D

具有深度資訊
的三維資訊

低面數

高面數

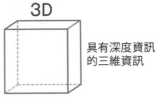

- Polygon（面）較粗糙
- 容量較小

- Polygon（面）較精細
- 容量較大

Point

✎ 元宇宙是以 Unity 與 Unreal Engine 等遊戲引擎所開發

✎ 3DCG 軟體的種類相當豐富，其中 Blender 很受初學者的歡迎

✎ 元宇宙中所使用的 CG 是容量較小的低面數資訊

≫ 制定元宇宙的企劃

元宇宙即是造鎮

如同 1-1 的説明，元宇宙並非單純只是遊戲。元宇宙中有社群，有身分認同，正因為它具有自我實現與社會的功能，才能稱為元宇宙。

而元宇宙的企劃就是要兼顧功能性與趣味性。它是個具備遊戲元素，也可以與他人交流的場合，同時也需要提供學校般的教育、虛擬分身的居住處所，以及穿搭時尚。由此我們可以看出，元宇宙的企劃與造鎮在本質上是相同的（圖 4-5）。

企劃時，**會需要創造城鎮本身的魅力，聚集人潮，讓人想要一直居住下去。**因此元宇宙對居民來説要是能夠舒適生活的空間。

將想法寫為企劃

要進行元宇宙的企劃，就要透過腦力激盪等方式，讓靈感一一浮現。

腦力激盪有許多方法，像是在便條紙寫下想法，再將想法群組化，以進一步歸納的 KJ 法。另外，還有大聯盟的大谷翔平選手也使用過的方法，在 3X3 的九宮格寫下想法，以進一步歸納、激盪靈感的曼陀羅計畫表（圖 4-6）。

企劃元宇宙時要像真實世界中的企業一樣，找出必須達成的目標。不能只因為稀有，或是有點趣味性，就貿然制定企劃。此外也必須注意一點，元宇宙的應用並不僅限於遊戲與動漫等內容。元宇宙**需要具備與現實生活相同的「便利」與「舒適」。**這樣一來，才能將想法轉換成更實際的企劃。

請想像一下，元宇宙中有誰，又過著什麼樣的生活？

圖 4-5　　　　　　　　　　　元宇宙的造鎮元素

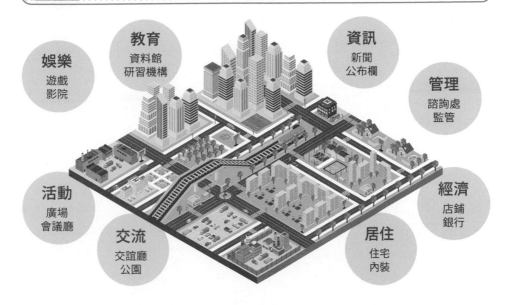

圖 4-6　　　　　　　　　　　靈感發想工具

KJ 法

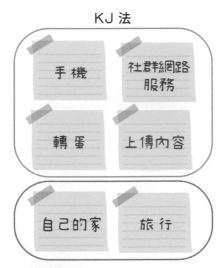

曼陀羅計畫表

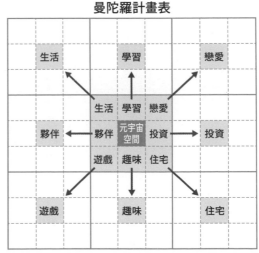

Point

✎企劃元宇宙與造鎮的原理相同

✎元宇宙需要具備各式元素，避免生活機能不夠完善、用戶失去興趣

✎提出許多點子再進行歸納是很重要的

≫ 企劃書的製作與規格書

寫為企劃書

把所有想法提出後，接下來就要將想法寫成**企劃書**。製作企劃書並不只是為了在公司內部審核時獲得他人認可，它還能有助於**整理腦中混亂的思緒**。

書寫企劃書時，必須意識到包含遊戲元素在內的各個細節，例如要思考希望以元宇宙達成的目標、元宇宙的**主題**與**概念**、世界觀及虛擬分身為何等。尤其是主題與概念更是需要確實訂定。

主題即是題材，基本上只會有一個。為了達成該主題，會有一個以上的概念。進行企劃時，要注意避免概念與主題偏離。

企劃書的呈現可依用途區分，可以只將重點整理為一張紙，也可以是簡報用投影片資料（圖4-7）。

製作規格書

決定好整體構想後，接下來就需要製作**規格書**。規格書是網路與應用程式開發現場所需要的資料，能夠讓人對成品有明確的概念。

元宇宙與一般的網站、應用程式、遊戲不同，定義上比較模糊，因此需要特別注意。

支援的硬體、虛擬分身的設計、登入方法，甚至是聊天等溝通功能的規格都要仔細列出。此外，還有管理端使用的工具與多人連線伺服器、3DCG的設計等，程序相當多（圖4-8）。

為了不在開發現場引起混亂，規格書必須寫得很詳盡。此外，也必須製作一份設計文件，列出開發前所需要的程序與執行方法。

圖 4-7 ‧‧‧‧‧‧‧‧‧‧‧‧‧‧‧‧‧‧‧‧‧‧ 企劃書的種類

主題：整體的題目
概念：為達成主題所採取的方針

單張企劃書

標題：元宇宙學校

■ 主題：享受青春的元宇宙
■ 概念：以學習、運動來競爭

以容易理解的方式整理在一張紙上，
除了文字外也可以使用圖解等方式說明

簡報用企劃書

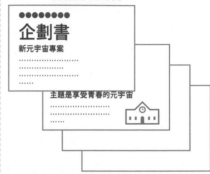

企劃書
新元宇宙專案

主題是享受青春的元宇宙

要確實傳遞資訊，基本上一張投影片只要
傳遞一個訊息，傳遞的訊息也必須簡單明瞭

圖 4-8 ‧‧‧‧‧‧‧‧‧‧‧‧‧‧‧‧‧‧‧‧‧‧ 各種規格書

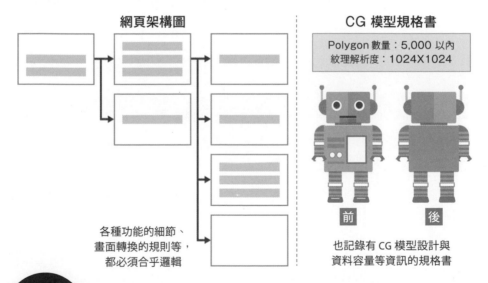

網頁架構圖

各種功能的細節、
畫面轉換的規則等，
都必須合乎邏輯

CG 模型規格書

Polygon 數量：5,000 以內
紋理解析度：1024X1024

前　　後

也記錄有 CG 模型設計與
資料容量等資訊的規格書

Point

✎ 為了不偏離想法與計畫，要將想法確實寫為企劃

✎ 要設定主題，也就是元宇宙的題材，以及提出能夠達成主題的概念

✎ 要讓功能與畫面轉換等合乎邏輯，規格書相當重要

第 4 章　企劃書的製作與規格書

» 元宇宙的 UX/UI

元宇宙的 UX 與數位素養的難題

UX（使用者體驗）指的是**使用者透過產品與服務所得到的體驗**。要創造「樂趣」、「期待」、「愉快」等正面體驗，就必須要透過 UX 的設計來達成。

元宇宙的使用對象，甚至包含了不習於操作手機遊戲的用戶，由於元宇宙軟體的操作感受與網頁瀏覽器可謂截然不同，要在眾多用戶間普及，現階段所遇到的難題，就是用戶的數位素養。

然而，只要透過設計，像是給予仔細且清楚的説明、頁面轉換時不令人感到困惑、良好的回應、讓人樂在其中的虛擬分身，以及溝通上的設計等，那麼任何用戶都有可能獲得正面的體驗。此外，除了軟體之外，也會需要 VR 裝置等硬體，因此必須思考如何才能讓用戶對於連接、設定不會覺得麻煩（圖4-9）。

要使用順暢，UI 也是重要的元素

接下來要介紹的是 UI（使用者介面），UI 是**操作產品與服務時所看到的外觀部分**。整體畫面的版面與按鈕配置、易讀的文字等，都需要逐一設計。元宇宙的 UI 與平時我們熟悉的操作畫面不同，它最大的特色即是 3D 空間（圖4-10）。

元宇宙裡沒有畫面大小與比例等概念，可以自由進行設計，然而，卻也可能因此創造出瀏覽不易的 UI，導致使用者體驗不佳，例如用戶因自由度太高，不易察覺重要的按鈕等情況，因此務必留意。説到以 3D 空間打造 UI，遊戲業界可以說是先行者，目前的設計也大多清楚易懂，不過，**一般認為廣義的元宇宙還是需要將 UI 設計得更直覺**。

圖 4-9　　　　　　　　　　　　UX 與 UI

圖 4-10　　　　　　　　　　元宇宙的 UI

- 要設計出讓虛擬分身不感到迷惑,可以順利行動的空間結構
- 要讓聊天室與其他功能的選單按鈕自然融入於畫面的版面

Point

✎ UX 指的是用戶所能獲得的體驗

✎ UI 是操作產品與服務時所看到的外觀

✎ 可依直覺操作的優質 UI,是能提升使用者體驗的重點

》 元宇宙的空間設計

虛擬空間建築師的必要性

虛擬分身的所到之處都有空間以及建築物。與現實世界相同,以虛擬分身體驗的場所、空間,都是經過設計的。元宇宙的世界裡當然不存在物理法則,也不需考量建材的耐用年數與建築法規,可以自由地進行設計,不受任何限制。

話雖如此,如果呈現出前所未見的歪斜建築物,用戶也會感到困惑,這樣的建築究竟是家還是太空船?又或是異次元空間?一般來說,遊戲與電影會先為初期階段的設計外觀、想法、世界觀等繪製插畫,這就稱為概念藝術。而就設計虛擬分身的生活空間這點來看,未來虛擬空間建築師這個**融合建築師與設計師的職業需求將會提升**(圖 4-11)。**元宇宙也與現實空間相同,會需要具備功能性與舒適性的優質空間。**

提供玩家愉快體驗的關卡設計

設計虛擬分身的生活時還有一個必要元素,那就是關卡設計。我們在現實社會中也會與他人競爭,會分為不同階層,也會獲得報酬,這其實也算是具有遊戲性。我們在遊玩過程中會有出乎意料的發現,也會驚訝、感到有趣。在遊戲製作的現場,會將這種符合玩家等級的活動設定與建築物等空間分級進行設定,稱為關卡設計。

元宇宙的空間也**需要充足的遊戲設計,適度加入遊戲性,避免用戶玩膩**。在元宇宙中雖然人人平等,並不受天生的身體能力限制,不過要打造出具適度遊戲性、每個人都有正面感受並感到幸福的空間,還是需要妥善進行設計(圖 4-12)。

圖 4-11　　　　　虛擬空間建築師的特色

虛擬空間建築師

建築的功能
與舒適的設計

建築上的設計

設計性
舒適性
功能性
藝術性
世界觀的展現

非現實的世界觀
與遊戲功能

遊戲上的設計

圖 4-12　　　　　　關卡設計的內容

關卡設計＝為用戶設計有樂趣的體驗

遊戲的元素

空間呈現

移動範圍
的設定

交通工具的配置

物品的配置

溝通設計

建築物的配置

oint

🖉 未來將越來越需要虛擬空間建築師這樣的設計職種

🖉 元宇宙也與現實空間相同，需要具備功能性與舒適性的優質空間

🖉 透過關卡設計，可以設計出讓玩家愉快遊玩、不會玩膩的體驗

第 **4** 章

元宇宙的空間設計

》 虛擬分身的建立方式

虛擬分身的角色設計

本章節將介紹如何製作元宇宙中的主角 —— 虛擬分身。虛擬分身的 CG 是從**角色設計**開始的。無論是臉、體型,還有世界觀與個性等,都是透過角色來呈現。目前在手機遊戲中也能看到各種角色,像是人類與機器人等,不過,在元宇宙的世界中,角色的呈現就像是時尚風格一樣,被**用於展現自己的身分認同**。

使用的虛擬分身,可以是由自己臉部照片產生的較真實的容貌,或是也可以使用喜愛的動漫角色與愛好的英雄外型(圖 4-13)。與一般遊戲不同的是,元宇宙存在著各種喜好下所產生的角色。**使用者能依自己的時尚品味,擁有多個虛擬分身,隨著外出的場合與心情使用不同的虛擬分身。**

Polygon 多邊形建模與角色設定

至於 3DCG 具體的製作方式,我們可以使用 MAYA 與 Blender 等 3DCG 軟體來建立 3D 角色。空間與背景等的基礎製作方式是相同的,一般來說是使用 **Polygon 多邊形建模**的方法。3 個以上的點連結成面,就是多邊形,再把面集結起來,就會形成立體的形狀。

在 Guide 裡進行角色設計的設定,將呈現出簡易箱子形狀的多邊形不斷微調,調整成角色的外型。接著,再從稱為紋理的圖像上打造肌膚、服裝等表面的顏色與質感,這個程序就稱為紋理映射。到目前為止所製作的是不會動的人偶造型,不過,透過 Rigging(或是 Set Up)這個程序,就能為 3D 角色綁定 CG 骨架,讓關節等處能夠動起來(圖 4-14)。這些是只有專門從事 3DCG 的人員才能進行的高階技術。

圖 4-13 .... 各種虛擬分身的設計

今天要去
虛擬辦公室！

- 設計會因為個人的興趣、嗜好，而有各種需求
- 透過當下的流行趨勢與用戶的年齡層及屬性等資訊，可以進行更細緻的行銷活動

今天有
直播活動！

圖 4-14 .... 3D 角色建模

①

透過多邊形的
組合製作出形狀

②

製作出具有顏色與
質感的紋理資料

③

為了讓角色動起來，
對骨頭、關節等處進行設定

Point

∥透過虛擬分身的設計，在元宇宙中展現個性

∥虛擬分身的設計各式各樣，可根據用途選擇不同角色

∥虛擬分身是藉由 3DCG 的多邊形建模來製作

≫ 虛擬分身的情感呈現

非語言溝通的重要性

一般認為在人際溝通中,所謂的非語言溝通相當重要。其實,我們平常就很依賴相處對象的聲音、表情、眼神、動作等視覺資訊。而元宇宙中的溝通,**可以透過搭載於頭戴顯示裝置上的眼球追蹤功能來追蹤視線,也可以追蹤嘴部動作,將自己的表情反映到虛擬分身**。此外,拿在手中的控制器也能將肢體動作等傳達給對方(圖 4-15)。

不使用頭戴式顯示裝置,而是以電腦、智慧型手機操作虛擬分身時,可以使用按鈕傳送貼圖等功能,以及播放事先建立好的肢體動作動畫等,進行非語言溝通。

虛擬分身的資料

現在的元宇宙還處於黎明期的階段,**虛擬分身資料還沒有建立起世界共通的標準**。例如 Meta 公司的元宇宙應用程式 Horizon Worlds 是使用程式裡預備好的虛擬分身,而美國的 VR 社交平台 VRChat 則可以自製虛擬分身並上傳,不過用戶就需要具備一定程度的 CG 技術。

在日本,像 VRM 這樣的標準平台正逐漸普及,不過目前都還不支援能夠呈現情感與細部動作的動畫(圖 4-16)。

要建立標準並達到非語言溝通的目標,應該還要花上一段時間。

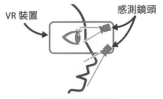

圖 4-15 以 **VR** 裝置進行追蹤

VR 裝置　　感測鏡頭

以感測器追蹤視線、
嘴部動作

重現出各種表情

以手持的控制器
追蹤手部動作

可以呈現出動作

圖 4-16 虛擬分身的相容性

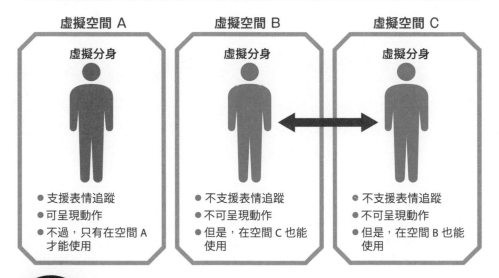

虛擬空間 A	虛擬空間 B	虛擬空間 C
虛擬分身	虛擬分身	虛擬分身

虛擬空間 A
虛擬分身
- 支援表情追蹤
- 可呈現動作
- 不過，只有在空間 A 才能使用

虛擬空間 B
虛擬分身
- 不支援表情追蹤
- 不可呈現動作
- 但是，在空間 C 也能使用

虛擬空間 C
虛擬分身
- 不支援表情追蹤
- 不可呈現動作
- 但是，在空間 B 也能使用

Point

✎ 在溝通的範疇裡，非語言溝通也相當重要

✎ 可以透過感測器等裝置讀取表情，並同步呈現於虛擬分身

✎ 目前虛擬分身的相容性還存在許多問題

≫ 即時渲染與低面數模型

渲染是什麼？

渲染指的是對原始數值資訊進行處理與演算，**在畫面上產生圖像**。3DCG 的渲染可以概分為兩種，第一種使用高精細度的多邊形建模，花費較長的時間進行渲染，也就是製作電影時所使用的預先渲染技術。第二種是對遊戲中玩家操作的角色與背景進行處理時，幾乎同時間就顯示出畫面的即時渲染（圖4-17）。

元宇宙必須在用戶操作的當下就產生畫面，因此屬於後者的即時渲染。此外，由於進入元宇宙時使用的裝置五花八門，並不一定是遊戲機等特定裝置，因此會需要較容易處理、不會造成負擔的低容量資料。這個低容量的3D 資料，就稱為低面數模型（簡稱低面數）。

在元宇宙中發展的低面數資料

好萊塢科幻電影中看到的寫實 CG，稱為高面數，反之，低面數**為了壓低資料的容量，多邊形的數量與顏色、帶有質感資訊的紋理資料在容量上都有限制**。為了降低容量，看不見的部分會被省略，臉與體型等較明顯的部分，則傾向於使用角色 CG 描繪出重點特徵（圖 4-18）。

不過，製作低面數的角色時，需要以較少的資料容量呈現出角色個性，因此也有人說相較於高面數模型，製作低面數模型的技術難度更高。

在元宇宙裡可以接觸到各異其趣的設計，有全球眾多創作者所設計的低面數虛擬分身以及藝術作品等。也有些資料在轉換為上一章提到的 NFT 之後，就產生稀有價值。

圖 4-17　渲染的種類

預先渲染

- 在每一格影格上記錄圖像
- 需要花費很長的時間，才能讓一連串的動作呈現在畫面上

即時渲染

- 互動式的遊戲畫面圖像
- 配合玩家操作，即時繪製圖像

圖 4-18　高面數與低面數的比較

高面數

- 呈現出精確且真實的質感
- 可以呈現出飄逸的髮絲
- 近看也很精緻

資料容量大，
不適合用於即時渲染

即使乍看之下
是相同的……

低面數

資料容量小，
可以用於即時渲染

- 就像紙糊的造型一樣，較為簡陋
- 不適用於物理模擬
- 近看後會發現較為粗糙

Point

- 渲染指的是產生圖像外觀
- 元宇宙與遊戲所採用的是即時渲染
- 要進行即時渲染，就需要使用容量較低的低面數來建立 CG

小 試 身 手

試著提出元宇宙的靈感

請使用本章所介紹的曼陀羅計畫表，試著歸納元宇宙的相關靈感。

曼陀羅計畫表是由今泉浩晃所提出的一種發想法。請在右方表格的正中央寫

下一個想要深入思考的議題。
再於該議題的周圍，寫下八
個相關的詞彙。接著，再將
這八個詞彙，分別寫至外側
九宮格的中心，並填入相關
詞彙，如此反覆進行，就能
夠深入思考。

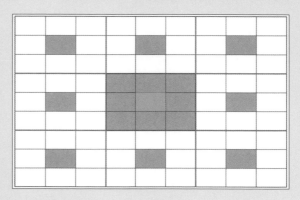

決定元宇宙的主題並試著呈現

想出元宇宙的相關靈感後，請以該靈感為主題、概念，並抽取關鍵字。如果
能夠以圖像呈現，會更加具體。

主題：

概念：

〈概念示意圖〉※請試著以圖畫的方式自由呈現

建構元宇宙的程式設計

～不同平台之開發方式差異～

建構元宇宙的程式設計

計算機的組成元素

元宇宙是透過手機等各式計算機來運作的。要讓元宇宙在各式各樣的計算機上運作，進行程式設計時需要具備哪些認知呢？

其實，無論是哪種計算機都具備五種功能，分別是控制、運算、輸入、記憶、輸出。這些稱為**五大功能**（圖 5-1）。

此外，包含五大功能在內，**在物理上組成計算機的所有元素就稱為硬體**。了解五大功能後，就會知道程式的指令大致上只能分為四種，也就是「輸入」、「記憶」、「運算」，與「輸出」。

根據目的編寫這四種指令，就稱為程式設計。

為什麼需要程式設計

硬體本身只是具備計算機所需要的功能，**要下指令讓硬體運作則需要軟體。**軟體可以分為在計算機上建立環境，讓應用程式運作的**作業系統**（OS、基礎軟體），以及作業系統以外的軟體，也就是**應用程式**（圖 5-2）。

建立好的應用程式會成為作業系統與硬體間的媒介，**只要作業系統相同，即使硬體不同也能夠運作。**如果，所有電腦都是在相同的作業系統下運作，那麼應用程式也只需要一種，不過，由於作業系統的種類很多，因此必須根據作業系統，使用可支援的程式語言來製作應用程式。

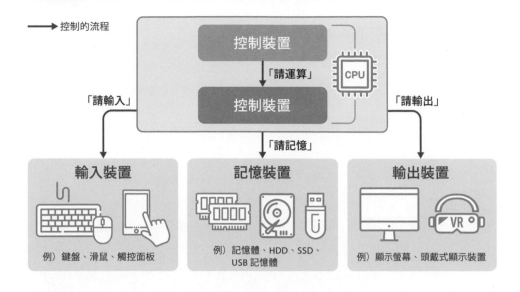

圖 5-1 計算機的五大功能

➡️ 控制的流程

圖 5-2 硬體與軟體的分類

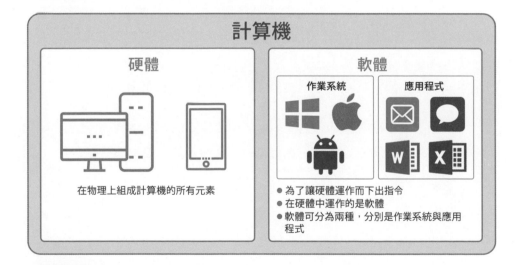

Point

✏️ 計算機一定具備有五大功能

✏️ 計算機可分為硬體與軟體

✏️ 在作業系統相同的情況下，即使硬體不同，應用程式依然可以運作

≫ 桌面應用程式的開發

個人電腦的應用程式

在個人電腦中運作的應用程式,稱為**桌面應用程式**(圖 5-3)。

桌面應用程式的特徵,是使用的應用程式如果與個人電腦中的作業系統相容,那麼無論使用哪種硬體,都不會影響到應用程式的運作。目前用戶人數最多的元宇宙應用程式之一「VRChat」也屬於桌面應用程式。

桌面應用程式的特徵

目前的 VR 裝置等硬體,有許多都是在個人電腦上運作。桌面應用程式有個優點,那就是進入元宇宙時**如果希望使用頭戴式顯示裝置等 XR 硬體裝置,那麼相較於其他的應用程式環境,桌面應用程式能較容易與裝置連結。**此外,由於讓硬體執行更精細的操作可能會影響作業系統的整體安全性,這時如果透過桌面應用程式來因應則更具彈性,操作上也相對容易。

另外,**如果能使用高規格的個人電腦,相較於其他環境,高規格電腦能夠呈現出更豐富的 3D 畫面、更貼近於現實的世界觀,畫面也更加華麗。**

然而,桌面應用程式也有其缺點。要讓桌面應用程式運作,會需要執行安裝與複製等操作。如果在實際開發中採用桌面應用程式,就必須考量安裝與複製上的難度(圖 5-4)。另外,桌面應用程式要在個人電腦上運作,**會需要搭配作業系統,它在不同的作業系統下基本上是無法運作的。**因此,針對不同的作業系統也需要推出不同版本的桌面應用程式來因應。

圖 5-3 ∙∙∙∙∙∙∙∙∙∙∙∙∙∙∙∙∙∙∙∙∙ 如何讓桌面應用程式運作 ∙∙∙∙∙∙∙∙∙∙∙∙∙∙∙∙∙∙∙∙∙

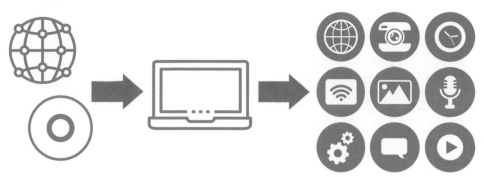

從網路、CD等處，
取得應用程式的資料

安裝／複製到電腦中

圖 5-4 ∙∙∙∙∙∙∙∙∙∙∙∙∙∙∙∙∙∙∙∙∙ 桌面應用程式的優點、缺點 ∙∙∙∙∙∙∙∙∙∙∙∙∙∙∙∙∙∙∙∙∙

【優點】

- 可以精細地操作 XR 硬體裝置
- 離線也可以使用
- 由於可以儲存資料至電腦中，不需依靠外部記憶體就可以使用

【缺點】

- 需要執行安裝與複製
- 如要更新，一樣需要進行安裝與複製
- 在不同作業系統中，基本上無法運作
- 如果容量不足以存放應用程式，則無法安裝與複製

Point

∥要讓 XR 硬體裝置運作的方式之一，是使用桌面應用程式

∥如果是高規格的個人電腦，可以呈現出相當豐富的 3D 畫面

∥桌面應用程式需要搭配作業系統，它在不同的作業系統中基本上無法運作

》 手機應用程式的開發

智慧型手機的應用程式

每一年智慧型手機都在持續進化。如今只要握有手機，雖然程度還不及個人電腦，但大部分的操作都可以進行。在手機上運作的應用程式則稱為**手機應用程式**（圖 5-5）。

手機應用程式的特徵

手機內建有許多方便的硬體，只要握有一台手機，就能體驗到集結各種硬體的功能。只要在手機安裝應用程式，就可以獲得一定程度的體驗，不需要其他的事前準備。舉例來說，將高性能的顯示裝置切分為兩個部分，並搭配手機中搭載的陀螺儀，就能立即變身為 VR 裝置。

此外，還有一個不能忽略的重點是許多用戶都擁有手機，這表示手機應用程式很有機會能讓更多的用戶體驗。

不過，每個用戶的手機性能不一，手機應用程式在不同的手機作業系統中可能無法運作，並非完全相容，這也點出了一個難題，就是要支援所有智慧型手機相當困難。還有一點，相較於桌面應用程式，**手機性能是有極限的**，能使用的記憶體與圖像表現、VR 頭戴式顯示裝置在性能上也有落差，因此，目前要讓不同用戶獲得相同體驗是很困難的。

此外，每種作業系統都有自己的商店，要發布手機應用程式，會需要向各個商店申請，只要申請不通過，就無法發布應用程式，這點也必須留意（圖 5-6）。

圖 5-5 　　　　　如何讓手機應用程式運作？

從專門的商店
取得應用程式資料　　　　　安裝至手機

圖 5-6 　　　　　手機應用程式的優點、缺點

【優點】

- 只要有一台手機，就能使用許多種硬體
- 許多用戶都擁有手機，因此較容易進行體驗
- 即使離線也可以使用

【缺點】

- 需要安裝
- 更新時也需要安裝
- 在不同作業系統上基本上無法運作
- 每個用戶的手機性能有落差，因此難以支援所有裝置
- 要發布應用程式，必須向特定商店申請，沒有通過申請，就無法發布

Point

- 要讓手機運作的方式之一，是使用手機應用程式
- 有了手機應用程式，就可以使用手機內搭載的硬體
- 較低性能的手機並無法達成豐富的畫面呈現

》 網頁應用程式的開發

網頁瀏覽器的應用程式

桌面應用程式與手機應用程式在第一次使用時，都需要執行安裝與複製手續。這樣一來對用戶來說體驗的門檻提高，並不算輕鬆就能體驗的內容。

因此，最近有個趨勢是在網頁提供服務，這種服務除了 Facebook 與 Twitter 等社群網路服務外，也包含 Amazon 與樂天等網路購物，以及 Google 與 Yahoo! 等搜尋服務。其中，在網頁瀏覽器上運作的應用程式，就稱為**網頁應用程式**。網頁應用程式**在網頁伺服器上運作**，用戶只要有網頁瀏覽器，就能立即體驗服務（圖 5-7）。

網頁應用程式的優點、缺點

以網頁應用程式開發元宇宙的優點，首先就是方便性。**不需要在商店登錄資料**，只要將應用程式資料上傳到網頁伺服器，就可以輕易地發布內容。此外，基本上只要擁有具有網頁瀏覽器的裝置，就能夠顯示內容，因此，**只要開發一個應用程式，就能適用於各種裝置與作業軟體**（圖 5-8）。

不過，網頁應用程式其實也有待解決的問題。網頁瀏覽器為了讓非開發人員也能夠安全使用，加入了各種安全性措施，因此有時並無法妥善地控制硬體。此外，網頁瀏覽器本身也有許多必須留意的限制，像是記憶體與 3D 呈現等。

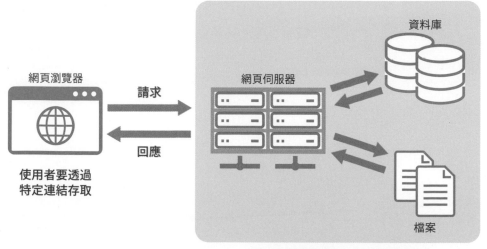

圖 5-7 　　如何讓網頁應用程式運作？

網頁瀏覽器

請求

回應

使用者要透過
特定連結存取

網頁伺服器

資料庫

檔案

開發者要將資料上傳至伺服器

圖 5-8 　　網頁應用程式的優點

發布應用程式不必經過申請
只要上傳至網頁伺服器，就可以
透過瀏覽器瀏覽

各種裝置皆可使用
只要開發一項應用程式，就能適用於個人
電腦、智慧型手機，以及 VR 專用裝置等

Point

🖉 最近有越來越多服務在網頁提供

🖉 網頁應用程式是在網頁瀏覽器上運作的應用程式

🖉 發布網頁應用程式不需申請，且各裝置皆可適用

101

≫ 元宇宙中使用的程式語言

依作業系統使用不同的語言

程式設計語言會依作業系統與環境而變（圖 5-9）。以智慧型手機為例，Android 系統使用的語言有 Kotlin、Java、C# 等，iOS 則可以使用 Swift、C# 等。

C# 可以同時支援這兩種作業系統，不過也有些語言，像是 Kotlin 與 Swift 等只能支援部分的作業系統。

為了讓這些語言適用於多種作業系統，就必須針對不同作業系統使用不同的程式設計語言，因此開發所需花費的時間也會隨之增加。元宇宙大部分都會開發為可在各式作業系統上運作的軟體，因此能適用多種作業系統的語言就成為主流（圖 5-9）。這種能支援多種作業系統的語言，就稱為**跨平台語言**。

腳本語言與自然語言

圖 5-10 的 REALITY 與 Cluster 等應用程式中，除了 C# 外也使用 Kotlin 與 Swift 等語言。如果只使用 C#，只需要一種語言就能開發手機應用程式，為什麼還要使用其他語言呢？

Kotlin 與 Swift 是針對手機應用程式開發的語言。這些語言與 C# 並不相同，能夠直接從 CPU 執行，稱為**自然語言**。相反的，不是自然語言的語言，則稱為**腳本語言**。適用自然語言的作業系統很少，不過優點在於較優異的執行速度，或是能使用作業系統搭載的功能等。

最近**有個趨勢是開發時以腳本語言為主，再部分輔以自然語言，這樣一來既能抑制開發成本，也可以提升處理效能。**

圖 5-9 ． 各個作業系統適用的程式設計語言

	C#	Java	Kotlin	Swift	Javascript
Windows	○	○	○		○
Mac	○	○		○	○
iOS	○			○	○
Android	○	○	○		○

圖 5-10 ． ． ． ． ． ． ． ． ． ． ． ． ． ． ． 元宇宙應用程式所使用的程式設計語言

應用程式名稱	公司名稱	適用於個人電腦	適用於手機	使用語言
VRChat	VRChat Inc.	○	×	C#
Horizon Workrooms	Meta Platforms, Inc.	○	×	C#
RecRoom	Rec Room, Inc.	○	○	C#
REALITY	GREE, Inc.	○	○	C#、Kotlin、Swift
Cluster	Cluster, Inc	○	○	C#、Kotlin、Swift

Point

✎ 可跨平台的腳本語言較容易被採用

✎ 自然語言支援的作業系統較少，不過也有腳本語言所沒有的優點

✎ 越來越多的開發是部分使用自然語言的混合式語言

第5章

元宇宙中使用的程式語言

≫ 運用遊戲引擎開發

使用常用於元宇宙的遊戲引擎開發

現在的元宇宙大部分都是使用遊戲引擎開發，遊戲引擎是為了開發遊戲所製作的軟體。

遊戲開發有許多共通的元素，像是圖像繪製、輸入、音效、物理模擬、資產管理、AI 等，而現在有些機制能讓使用者更輕易地帶入這些元素（圖5-11）。若使用遊戲引擎，只要編寫簡單的程式，就可以使用遊戲引擎具備的高階開發系統。部分的處理可以使用不編寫程式碼的**無程式碼**，並且製作過程中也能執行並確認是否正確運作。這**能有效率地縮短開發時間，也更容易能提供高品質的內容**。

使用遊戲引擎的優點

在元宇宙的領域中，使用 3DCG 開始成為常態。製作 3DCG 的模型，自由地讓它做出動作，這與最近的遊戲開發是很相似的概念。使用遊戲引擎並運用其機制，就可以有效率地開發，因此開發元宇宙時會使用遊戲引擎。

另外還有個趨勢是，元宇宙開始可以在各種裝置上運作。光是手機的應用程式，就分為 iOS 與 Android 等系統，開發時必須根據不同的作業系統來進行程式設計。不過，這時候如果使用能支援各個作業系統的遊戲引擎，就可以省去變更演算法的手續，因此它的優點是**可以跨平台，有效率地針對多種裝置開發應用程式**（圖 5-12）。

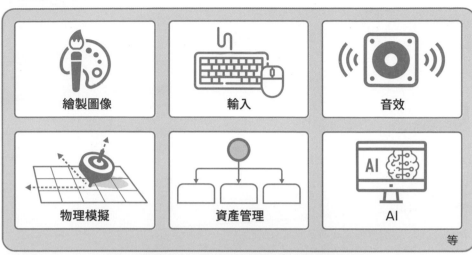

圖 5-11　　　　遊戲引擎中可以使用的元素

繪製圖像　　輸入　　音效

物理模擬　　資產管理　　AI

等

在一開始就已建置好遊戲開發所需要的功能

圖 5-12　　　　兩大遊戲引擎的支援平台

平台	Unity	Unreal Engine
iOS	○	○
Android	○	○
Windows	○	○
Xbox One	○	○
PlayStation 4、PlayStation 5	○	○
WebGL	○	×
Nintendo Switch		○

Point

✎ 遊戲引擎在實際開發現場廣受使用

✎ 使用遊戲引擎可以縮短開發時程

✎ 使用遊戲引擎更容易支援不同的裝置

》 最多人使用的遊戲引擎

世界上最多人使用的遊戲引擎

Unity 是美國 Unity Technologies 公司所供應的遊戲引擎，並且是**目前元宇宙開發中最常受到使用的遊戲引擎**（圖 5-13）。Unity 的應用領域相當多，例如遊戲應用程式、VR/AR、2D 遊戲等，它網羅了遊戲引擎所須具備的基本功能。VRChat 等高知名度的元宇宙應用程式都是使用 Unity 所製作。

Unity 的程式設計方式

Unity 的程式設計可以分為 C# 與 Visual Scripting 兩種（圖 5-14）。

C# 是使用以往的方式，製作程式用的檔案，並使用文字編輯器記錄程式碼。由於 Unity 是使用事先預備好的功能來進行程式設計，除了一般的 C# 功能，也可以簡單使用 Unity 的其他功能。舉例來說，圖 5-14 的 C# 程式設計在一開始就預備有 Start 功能，記錄於 Start 部分的程式會在啟動時自動執行。

第二種方式 Visual Scripting 是使用以區塊為單位的指令（節點）取代程式碼。以節點串連而非使用編碼方式，這種程式設計方式就稱為 **Visual Scripting**。Visual Scripting 是比較新的程式設計方式，而且原本的開發目的是要讓沒有程式設計經驗的人也能進行設計，因此相較於 C# 更容易學習。

兩者都可以搭載相同的功能，不過 Visual Scripting 的特色是編寫速度快，也較容易將實際運作狀況視覺化，而 C# 則是能夠自由搭載更多性能佳的功能。**兩者各有優點，因此可以視需求選擇。**

圖 5-13　　　　　　　　　　　　遊戲引擎的市占率

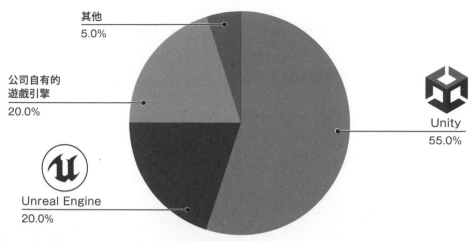

其他
5.0%

公司自有的
遊戲引擎
20.0%

Unity
55.0%

Unreal Engine
20.0%

資料出處：「What game engine do you currently use?」
URL：https://www.statista.com/statistics/321059/game-engines-used-by-video-game-developers-uk/

圖 5-14　　　　　　　C# 與 Visual Scripting 的程式設計畫面

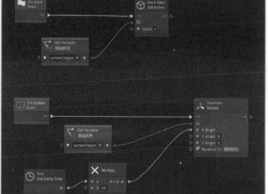

C#	Visual Scripting

```
using UnityEngine;

◎Unity スクリプト10 個の参照
public class Sample : MonoBehaviour
{
    [SerializeField]
    private GameObject sampleObject;

    ◎Unity メッセージ10 個の参照
    void Start()
    {
        sampleObject.SetActive(true);
    }

    ◎Unity メッセージ10 個の参照
    void Update()
    {
        float specd = 30f * Time.deltaTi
        sampleObject.transform.Rotate(sp
    }
}
```

編寫 C# 語言進行程式設計　　　　　串連以區塊為單位的指令（節點）以進行程式設計

Point

✐ 在元宇宙的開發中，最常被使用的是 Unity

✐ Unity 的程式設計有 C# 與 Visual Scripting 兩種方式

✐ 依照想開發的應用程式，選擇所使用的遊戲引擎

》 在網頁上開發

開發網頁應用時要注意什麼？

只要有網頁瀏覽器，不需要下載內容就能在任何裝置上運作網頁應用程式，**這讓體驗元宇宙的門檻大幅下降**。

然而，網頁應用程式可以說是仍在發展階段，像是與桌面應用程式進行相同的處理時容易負荷過大，內容的容量太大時，啟動會需要較多讀取時間，這些是使用網頁應用程式會出現的問題。要在網頁瀏覽器上運作應用程式，就必須先釐清使用網頁瀏覽器可以與不能做到哪些事，再著手製作。

要怎麼開發更好的網頁應用程式？

那麼，實際上在開發網頁應用程式時該怎麼做呢？元宇宙中除了 3DCG 之外，也會使用到許多素材，因此與其他應用程式一樣**會使用遊戲引擎**。開發用的遊戲引擎除了 Unity 之外，也有開發網頁應用程式專用的遊戲引擎，例如 **PlayCanvas** 與 **EgretEngine** 等。這兩者都可以用網頁瀏覽器所使用的語言，也就是 JavaScript 進行程式設計，相較於使用其他語言的遊戲引擎，能發揮更優異的效能（圖 5-15）。因此，在製作網頁應用程式時會考量使用這兩個遊戲引擎。

製作時有個重點，是必須**壓低應用程式的容量**。容量太大，讀取的時間就會增加，這樣一來會提升用戶體驗元宇宙的門檻。此外，並不是所有裝置都具備良好性能，因此開發時也必須考量應用程式是否能在性能較差的裝置上運作（圖 5-16）。

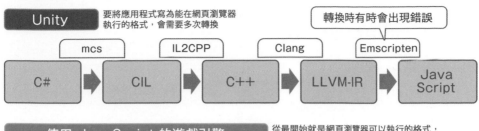

圖 5-15　使用 Unity 與 JavaScript 的遊戲引擎之建置程序

Unity　要將應用程式寫為能在網頁瀏覽器執行的格式，會需要多次轉換

轉換時有時會出現錯誤

mcs　　IL2CPP　　Clang　　Emscripten

C# ➡ CIL ➡ C++ ➡ LLVM-IR ➡ Java Script

使用 JavaScript 的遊戲引擎　從最開始就是網頁瀏覽器可以執行的格式，因此不必轉換

JavaScript　不需轉換就能直接使用

圖 5-16　網頁應用程式在開發時的優點、缺點

【優點】

- 不必下載就能即時執行
- 由於是在瀏覽器上運作，只要瀏覽器正常運作就能夠執行，不受作業系統影響
- 個人電腦、智慧型手機皆可運作同一個程式
- 可使用搭載於瀏覽器的高性能除錯工具

【缺點】

- 即使與桌面應用程式執行相同的處理，也很容易負荷過大
- 內容量一旦過大，啟動時會花費較多的讀取時間
- 無法像其他應用程式般彈性地管理記憶體
- 瀏覽器端基本上無法以安全性等為理由來設定限制
- 離線則無法使用
- 記憶體如果不具備執行所需要的空間，就無法執行

Point

✎ 網頁應用程式可以大幅降低用戶體驗元宇宙的門檻

✎ 開發元宇宙的網頁應用程式時，也會使用遊戲引擎

✎ 開發時壓低應用程式的容量相當重要

» WebGL 技術

3D 網站的 HTML 結構

為什麼我們能夠在網路瀏覽器上讓 3DCG 圖形動起來？

建立網頁時使用的語言是 HTML，是透過以標籤將每個元素框起的方式，來加入不同功能。標籤的種類各式各樣，大多數的標籤在設定上都屬於 2D 呈現，但也有些標籤可以用於呈現 3D 畫面。

可呈現 3D 畫面的標籤稱為 **Canvas**。使用 Canvas，就能透過 **WebGL** 技術顯示 3D 畫面（圖 5-17）。

支持著 3D 網頁應用程式的技術

WebGL 是讓 **OpenGL** 能應用於網頁的一項技術。OpenGL 是一種技術，它的運作機制讓 GPU 能夠進行高速的 2D、3D 圖像繪製處理。由於 WebGL 屬於開放式的標準，因此在多數的網頁瀏覽器上都可以使用。因此，使用 WebGL，就**可以在網頁上呈現 3D 圖形**（圖 5-18）。

WebGL 本身是 2011 年就有的技術，不過當時有些因素，例如只支援部分的網頁瀏覽器，或是 WebGL 本身的功能不足，導致正式採用的案例不多，**直到近幾年轉變為開放式標準，加上 WebGL 本身的技術也已經進步，因此採用的案例逐漸增加。**

採用 WebGL 時必須注意裝置的記憶體容量是否較少。WebGL 在啟動時，記憶體的讀取容量是固定的，若是容量不足，就會因為無法讀取而失敗。這個情況下，會以減少初次分配記憶體容量的方式因應。

圖 5-17　Canvas 的環境

Canvas 被用作為各種元素的繪製工具
會與其他元素搭配使用

Typed Array	JavaScript 中具資料型別的陣列
CSS	指定網頁外觀時使用的語言
Offscreen Canvas	是 JavaScript 的功能，可分散渲染的負擔
img 元素	在瀏覽器顯示圖像時使用的 HTML 元素
WebGL	在網頁上呈現 2D、3D 圖形所需要的技術
Video 元素	在瀏覽器顯示動畫時使用的 HTML 元素

Web RTC	在網頁上進行即時通訊的技術
Node.js	在伺服器網站上使用 JavaScript 時的 JavaScript 執行環境
SVG Path	向量格式的圖形格式

- Canvas 可以進行圖形處理與嵌入外部文件
- 用途多元
- WebGL 是以 Canvas 標籤進行繪圖處理

第 5 章　WebGL 技術

圖 5-18　OpenGL 的 3D 繪圖處理

存取

網頁應用程式資料

在繪圖用 API 下指示

Vertex Shader（頂點著色器）	構成 3D 形狀的頂點資訊（Vertex）處理
Viewport 轉換	將 3D 空間中的頂點資訊轉換為符合畫面範圍（Viewport）的座標
Rasterization（光柵化）	決定畫面中實際需要顯示的位置
Fragment Shader（片元著色器）	計算描繪於畫面中的顏色資訊
描繪至 Frame Buffer（繪圖緩衝區）	將截至目前計算的結果儲存，顯示在畫面上

Point

✎ 網站是透過 Canvas 標籤來使用 WebGL

✎ 從 WebGL 叫出 OpenGL，就能透過 GPU 呈現 3D 圖像

✎ WebGL 是 2011 年就有的技術，在持續進化下，近來採用的案例增加

小 試 身 手

支援跨平台遊玩

本章說明了每個平台在程式設計上的差異。現代社會裝置型態越來越多元，因此能支援各式裝置非常重要。舉例來說，即便是相同的手機應用程式，在 iOS 與 Android 上也會因為平台不同，需要針對不同平台進行開發。之前也曾提過跨平台這個能簡單因應的開發方法。

而同時能在不同平台遊玩的，就稱為跨平台遊玩，這個詞彙主要用在線上遊戲，例如射擊遊戲《Apex Legends》就分為個人電腦、Nintendo Switch、PlayStation、Xbox 等版本，可以跨平台遊玩。開發元宇宙時，要讓用戶能從各種裝置連結到共同的虛擬空間，跨平台遊玩的概念就相當重要。

現在，就讓我們來查詢可說是最受矚目的元宇宙霸主《要塞英雄》，以及活躍用戶數躍居世界第一的日本 MMORPG《Final Fantasy XIV》支援哪些平台。此外，也請確認是否能夠在不同的平台上跨平台遊玩。

	支援平台	支援跨平台遊玩
要塞英雄		
Final Fantasy XIV		

第 6 章

網路通訊與伺服器

～支持著元宇宙的伺服器～

» 支持著元宇宙的機制 ①

什麼是伺服器？

伺服器指的是依照用戶（**Client**）請求（**Request**）**提供資料的電腦與程式**。

有別於日常中使用的個人電腦（PC），伺服器會透過網路與我們這些用戶連結，讓更多人都能夠使用。

伺服器的種類相當多元，例如用來顯示網頁的「網頁伺服器」、收發電子郵件的「郵件伺服器」、用於保管與共享檔案的「檔案伺服器」等（圖 6-1）。我們平時可能很少意識到自己正在使用伺服器，不過**對於連接網路使用的各式服務，例如工作時傳送的資料、遊戲與社群網路服務等來說，伺服器都是一個必要的機制**。

伺服器的角色

我們可以讓伺服器發揮許多功能（圖 6-2）。舉例來說，用戶瀏覽網頁時在瀏覽器輸入網址，就能向伺服器傳送請求。接著根據輸入的網址，伺服器會將需求網頁的 HTML 檔案、圖像資料等顯示網頁時需要的各種資料，依網頁內容提供給用戶。

除了前述的從伺服器取得資料（下載）外，也可以傳送資料給伺服器（上傳），以社群平台來說，用戶會將資料上傳至伺服器保管，其他用戶也可以瀏覽。而在元宇宙這個「網路上串起的虛擬空間」，傳遞、接收與儲存資料等各式情境也都需要伺服器。

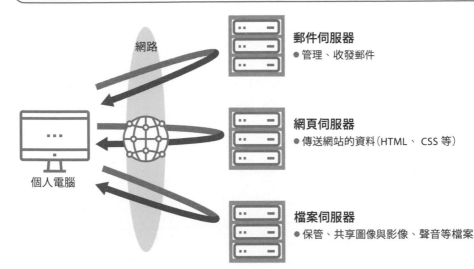

圖 6-1　伺服器的種類

網路

郵件伺服器
● 管理、收發郵件

網頁伺服器
● 傳送網站的資料（HTML、 CSS 等）

檔案伺服器
● 保管、共享圖像與影像、聲音等檔案

個人電腦

圖 6-2　伺服器的作用

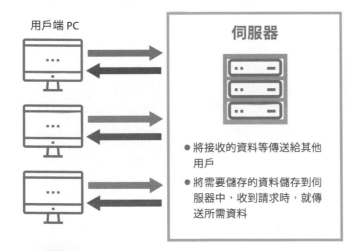

用戶端 PC

伺服器

● 將接收的資料等傳送給其他用戶
● 將需要儲存的資料儲存到伺服器中，收到請求時，就傳送所需資料

上傳
● 自己的位置資訊
● 自己的簡介
● 自己的動作資訊
etc.

下載
● 其他人的位置資訊
● 其他人的簡介
● 其他人的動作資訊
etc.

Point

⟋ 伺服器是指根據用戶請求，提供資料的電腦與程式

⟋ 伺服器被應用在工作、遊戲、社群平台等各式服務

⟋ 伺服器能夠因應需求，具備許多不同的功能

≫ 支持著元宇宙的機制②

存取元宇宙所需要的伺服器

在元宇宙中,為了要讓許多人能體驗「在網路上串連」(跨平台遊玩)的狀態,除了虛擬空間本身的 3DCG 資料之外,也需要各種資訊(圖 6-3)。

例如存在(存取)同一個元宇宙空間的用戶名稱與外觀資訊、該用戶所屬位置的位置資訊等。**如果要存取元宇宙,就會需要儲存這些用戶資訊,也需要能夠傳輸資訊的場所與機制(伺服器)。**

元宇宙需要的伺服器不只一種,會需要**顯示網頁的網頁伺服器以及保存資料的資料伺服器等多個資料庫共同運作**。例如在存取元宇宙時,應用程式(桌面應用程式、手機應用程式、網頁應用程式等)會與伺服器相互傳輸需要的資訊,這樣用戶就能存取元宇宙。

元宇宙與伺服器的關聯性

當有用戶存取元宇宙時,伺服器會依自己扮演的角色執行各種處理。例如提供空間資訊、用戶登入驗證、提供虛擬分身資料,以及其他用戶資訊等。伺服器會提供這些資訊,或是各個伺服器也會分工執行處理。

這些伺服器統稱為多伺服器或是遊戲伺服器。**經過伺服器進行的一連串處理,用戶就能在元宇宙與全球許多用戶交流**(圖 6-4)。

圖 6-3 .... 元宇宙所需要的資料 ....

元宇宙所需要的資料

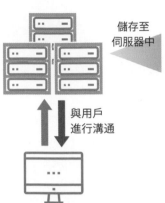

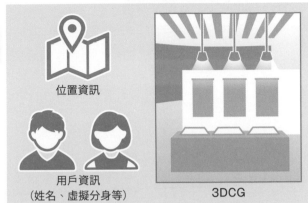

儲存至
伺服器中

與用戶
進行溝通

位置資訊

用戶資訊
（姓名、虛擬分身等）

3DCG

圖 6-4 .... 多伺服器的使用概念 ....

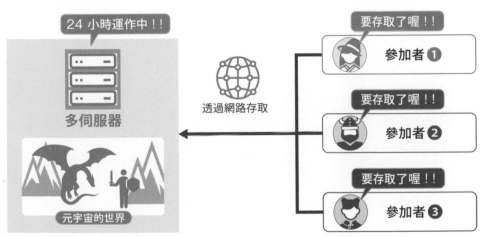

24 小時運作中！！

多伺服器

元宇宙的世界

透過網路存取

要存取了喔！！

參加者❶

要存取了喔！！

參加者❷

要存取了喔！！

參加者❸

參考資料：參考「みやしも」部落格的文章「什麼是多伺服器？解說機制與建立方式【遊戲愛好者必看】製成
（URL：https://miya-system-works.com/blog/detail/vps-how-to-use/）

Point

🖉要存取元宇宙，就需要伺服器

🖉元宇宙的伺服器需具備多種功能，例如網頁與資料庫等

🖉元宇宙是透過伺服器執行處理，讓用戶進行交流

》 伺服器的種類

本地端伺服器與雲端伺服器

根據伺服器是否是在公司內建構、運作，可以將伺服器分類為**本地端伺服器**與雲端伺服器。本地端伺服器指的是**在自家公司導入、維護所需要的伺服器設備，以建構公司的內部系統**。雲端伺服器指的是**公司沒有自己的系統，是透過網路使用服務的型態**（圖 6-5）。

以往，在公司內導入設備並維護的本地端伺服器是主流型態，近年來隨著雲端服務的普及，導入雲端伺服器的企業也已經增加。使用雲端伺服器的服務，有 Gmail、Yahoo! Mail 等網頁郵件服務，以及 Google 日曆等行事曆服務。

雲端伺服器的優點、缺點

取代本地端伺服器的雲端伺服器，其優點是不需建構伺服器設備，可以壓低初期成本，只要在網路上申請就能開始使用，因此導入相當簡單，如果需要擴充伺服器也能較輕易地完成，且發生問題時是由雲端供應商進行維護，不需要自行解決，

不過它也有缺點，相較於本地端伺服器，雲端伺服器的設備等較為受限，不容易客製化，而且是透過網路傳送資訊，因此也有安全性的風險，再來，雲端的收費機制是依使用量收費，也就是以量計價，因此長期下來也可能產生高昂收費（圖 6-6）。

而元宇宙領域更傾向使用的是可以隨著存取數增加，彈性擴充伺服器的雲端伺服器。

圖 6-5 本地端伺服器與雲端伺服器的差異

本地端

雲端

在公司內導入、維護

經由網路使用雲端服務

網路

雲端供應商

資料出處： 根據 ALTUS HP「本地端與雲端有什麼差異」製成
(URL：https://altus.gmocloud.com/suggest/onpremise_cloud/)

圖 6-6 本地端與雲端的比較

	本地端	雲端
初期費用	高昂	不需太多費用就能開始使用
導入所需時間	數週到數個月	註冊帳號後立即使用
是否能客製化	可自由地客製化	具有限制
安全性	在本地環境維護系統	經由網路使用，具風險疑慮
故障、災害風險	在公司內維修	由雲端供應商維修

Point

✎ 在公司內建構、維護伺服器系統，就稱為本地端

✎ 經由網路使用服務的型態，就稱為雲端

✎ 兩者各有優缺點，重要的是選擇最合適的型態

≫ 單人遊玩與多人遊玩的差別

單人遊玩與多人遊玩

由於元宇宙是「線上串連的虛擬空間」，因此元宇宙實際運作時會需要進行多人遊玩。這裡所說的多人遊玩，指的是**許多用戶能透過網路取得相同體驗的狀態**。

相較於能讓多人體驗的多人遊玩，單人遊玩指的則是**每位用戶個別體驗**。

個人遊玩的類型中，有些只要下載資料，就不再需要任何通訊，即使沒有連上網路，在離線環境也可以使用應用程式遊玩。多人遊玩則需要將自己的狀態等資料傳送給自己以外的其他用戶，因此需要處在連上網路的線上環境（圖 6-7）。

不過，提供多人遊玩的服務中，有部分是當用戶在離線環境下使用服務，就能切換為單人遊玩狀態。

多人遊玩的效果

多人遊玩可以達到的效果，包含能夠與遠距離的其他用戶相互交流，以及能夠即時獲得相同的體驗等（圖 6-8）。雖然語音通話與視訊通話也可以即時交流，不過要讓遠距離的用戶都看到相同的內容，獲得相同的體驗相當困難。

元宇宙的多人遊玩，是讓虛擬分身代替自己進入虛擬空間活動。例如像現實生活一樣與朋友在約定處會合，參加虛擬空間裡舉辦的活動，或是去商店購物等。

| 圖 6-7 | 單人遊玩與多人遊玩的特徵 |

單人遊玩

- 各個使用者進行個別體驗
- 視情況在離線環境也可以體驗

多人遊玩

- 許多用戶能透過網路進行相同的體驗
- 需要線上環境

| 圖 6-8 | 多人遊玩可以達到的事 |

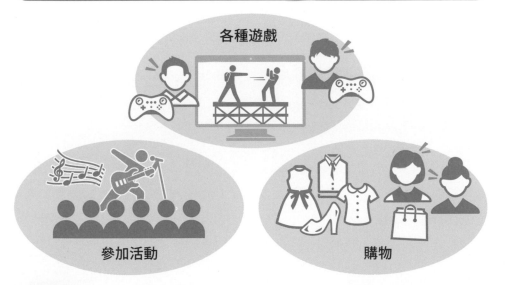

各種遊戲

參加活動

購物

Point

📎 要讓元宇宙運作，就需要多人遊玩的功能

📎 多人遊玩指的是許多人能進行相同的體驗

📎 單人遊玩指的是各用戶個別體驗

》 怎麼進行多人遊玩？

進行多人遊玩所需要的環境準備

進行多人遊玩會**需要各種環境上的準備，像是網路環境與伺服器環境等**。伺服器環境發揮了很重要的角色，它將眾多用戶串連在一起。

這裡開始出現一個問題，有時候用戶們會使用各種不同的裝置存取，像是個人電腦與智慧型手機等，裝置的種類並不相同，即使裝置種類相同，內部軟體（作業系統等）的版本也並不一樣，情境可説是五花八門。

要預備好在各種條件下都能運作的環境，以維持多人遊玩的環境，會需要持續付出極為高昂的成本（圖 6-9）。

各式各樣的多人遊玩服務

建構、維護多人遊玩的環境需要很高昂的費用，不過有些服務能夠為我們提供這樣的環境。例如 Exit Games 公司的 **Photon** 與 Monobit Engine 公司的 **Monobit Engine** 等（圖 6-10）。

使用這些服務，就能降低建構、維護多人遊玩環境的相關成本，同時使用各服務提供的功能，進一步提升體驗品質。每項服務都各有差異，包含使用服務的同時上線人數（CCU：Concurrent Users）與使用費、支援的開發環境（開發元宇宙的程式設計語言和開發用的軟體）等都各有不同。

我們必須依照元宇宙的內容、規模、開發環境等選擇適合的方式，決定要由自家公司開發，還是要使用既有服務。

圖 6-9　　　　　　　　　　支援各種環境所需要的成本

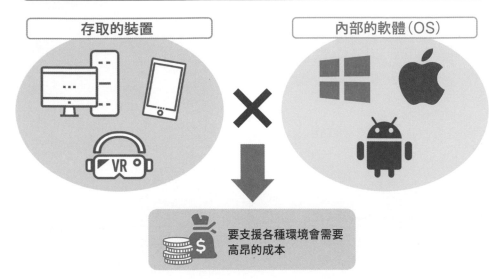

存取的裝置　　×　　內部的軟體（OS）

要支援各種環境會需要高昂的成本

圖 6-10　　　　　　　　　　各式各樣的多人遊玩服務

Photon
- Exit Games 公司
- 德國製作
- Photon Cloud：雲端服務
- Photon Server：Windows 伺服器

Monobit Engine
- Monobit Engine 公司
- 日本製造
- 主要提供雲端服務

資料出處： igda JAPAN「徹底比較！ Photon vs. Monobit Engine 要選擇哪個導入？」
　　　　　（URL：https://www.igda.jp/2015/12/12/2558/）

Point

✐ 要實現多人遊玩會需要具備伺服器環境等

✐ 要維護一個在各種條件下都能運作的環境，成本非常高昂

✐ 有些服務提供多人遊玩的環境

» 用戶間進行資料通訊

資料的通訊方式

要進行多人遊玩，不只需要自行取得虛擬空間的資訊，也必須將自己的資訊傳遞給其他用戶。

資料通訊的方法有幾種，可以概分為「同步」與「非同步」兩種。

「同步」是所有用戶經常進行資料交流，彼此的資料總是維持在相同的狀態。相較於此，「非同步」則能夠容許用戶間的資料有所差異，在這個前提下進行資料的傳遞（圖 6-11）。

元宇宙的空間裡會有非常多的參加者移動，如果使用「同步」的方式通訊，就必須等待所有的用戶資料同步，因此並不適合。基於這個理由，**元宇宙大部分是使用「非同步」的方式**。

每個使用者的通訊環境差異

如果是「非同步」的通訊方式，用戶間的資料會有落差，不過這個情況下的落差，是指不滿 1 秒這類較短時間內的落差，因此對於用戶的體驗不會產生影響。

然而，用戶的通訊環境，例如不同國家用戶間的通訊就可能要花費許多時間，才能完成資料傳遞，因此也可能發生用戶間資料落差極大的情況。

有鑑於此，許多提供伺服器環境的服務（AWS 與 GCP 等）會採取一些對策，例如**為各個地區準備不同的伺服器，盡量讓距離較近的用戶存取同一個伺服器，也就是依據用戶存取地點分配存取的伺服器**（圖 6-12）。

圖 6-11　同步與非同步的機制

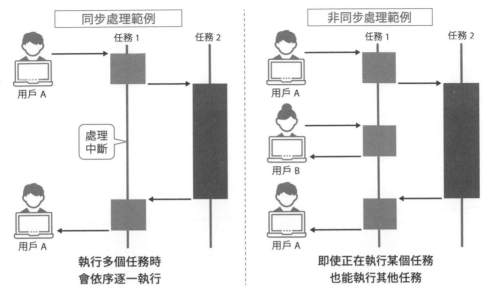

同步處理範例	非同步處理範例

用戶 A　任務 1　任務 2

處理中斷

用戶 A

執行多個任務時會依序逐一執行

用戶 A　任務 1　任務 2

用戶 B

用戶 A

即使正在執行某個任務也能執行其他任務

參考資料：　Rworks HP「非同步處理是什麼？解説與同步處理的差異以及應用方法」
　　　　　　（URL：https://www.rworks.jp/system/system-column/sys-entry/21730/）

圖 6-12　世界各地的 AWS 區域

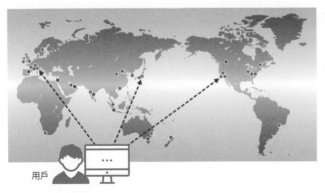

- AWS 為了要在服務區域中提供等質服務，是以實體位置來劃分區域
- 根據用戶存取的地點，分配存取的伺服器

用戶

● 區域
● 近期公開

資料出處：　參考 AWS HP「AWS 全球基礎設施」製成
　　　　　　（URL：https://aws.amazon.com/tw/about-aws/global-infrastructure/?nc1=h_ls）

Point

🖊 多人遊玩的通訊方式可以概分為「同步」與「非同步」

🖊 如有多人參與，通常會使用「非同步」的方式

🖊 為了不受通訊環境影響，導致資料產生太大落差，完備的伺服器環境相當重要

» 進行交流 ①

以文字聊天的方式交流

虛擬空間內的交流方法,一般來說有透過文字交流的**文字聊天**。文字聊天在 LINE 與 Facebook 等通訊軟體中幾乎可以說是必備的功能,平時應該也有許多人使用(圖 6-13)。

文字聊天在**傳送、接收時所需要的資料傳輸量較少,因此在各種通訊環境下都易於使用**,這也是它的特徵之一。

不過,文字聊天雖然很輕易就能傳送,但基本上只能以文字進行溝通,如果內容較長,或是想要傳達較細膩的情感時就比較不適合。因此,有些服務透過傳送圖示與貼圖的功能,提供用戶附加的表達方式。

文字聊天的種類

不同的文字聊天服務,名稱也有所不同,不過,以傳送對象的指定方法來說,服務可分為幾個種類。大致上可分為一對一的私人聊天、以特定多人為對象的群組聊天、以所有使用者為對象的所有人聊天,這三種類型都相當常見(圖 6-14)。

使用的方法不同,**能看到傳送內容的對象也會受到限制**,如果是私人聊天,就僅限於相互溝通的兩人之間,群組聊天是參加指定群組的對象,所有人聊天則是所有使用該服務的人都可以看到內容。

圖 6-13 　文字聊天的傳送與接收

LINE 與 Messenger
的聊天畫面示意圖

除了文字之外，
也可以傳送貼圖與圖案等

圖 6-14 　訊息的傳送對象

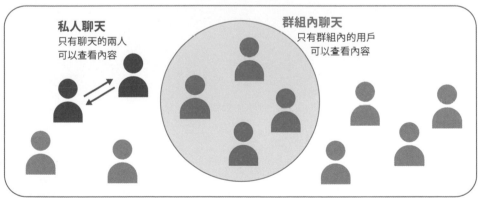

私人聊天
只有聊天的兩人
可以查看內容

群組內聊天
只有群組內的用戶
可以查看內容

所有人聊天
使用服務的所有對象
都可以查看內容

Point

⟋ 虛擬空間裡經常使用文字聊天

⟋ 文字聊天的資訊傳輸量較少，使用上比較容易

⟋ 傳送訊息時也可以指定傳送對象

≫ 進行交流②

以語音聊天的方式交流

除了上一節介紹的文字聊天之外，還有一個交流方法，是使用語音的語音聊天（圖 6-15）。語音聊天使用的是內建於用戶裝置，或是另外配置的麥克風。

基本上就像是通電話一樣透過語音進行交流，不過，語音聊天有個特徵與一般通話不同，那就是它**能讓多人進行通話，不一定要是 1 對 1**。語音聊天與文字聊天不同，是實際說話交流，因此能以更自然的形式溝通。

作為虛擬空間內的交流方式，文字聊天、語音聊天已然是相當重要的元素。

語音聊天的課題

語音聊天是相當重要的交流方法，不過存在幾個需要克服的問題（圖 6-16）。

首先是資訊的傳輸量。相較於文字聊天，語音聊天的資訊傳輸量較大，因此**在通訊環境較差的情況下無法連線通話，或是會在降低通話音質減少通訊量之後，由於音質太差而聽不清楚**。

另外，**同時參與通話的人數也是個問題**。雖然這與使用的服務有關，不過有很多服務都將人數限制在約十幾到幾十人。多人進行對話的情況下，會將所有人的聲音合在一起播放，這樣一來很難聽清楚，而且對於處理語音的伺服器負擔也很大。

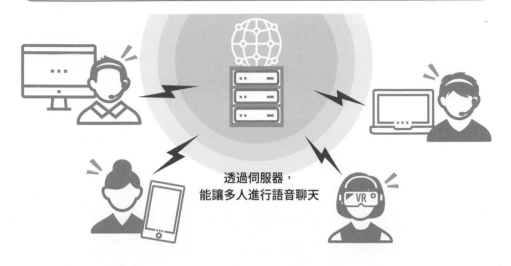

圖 6-15　語音聊天的概念

透過伺服器，
能讓多人進行語音聊天

圖 6-16　使用語音聊天的課題

DISCONNECTED

用戶的通訊環境不佳時，
音質也會變差

多人同時對話時，
聲音會重疊，不容易聽清楚

Point

✎ 使用語音聊天，就能透過聲音來對話

✎ 與一般通話不同的是可以多人同時通話

✎ 語音聊天還有幾個待克服的問題，像是通訊環境與同時通話人數等

小試身手

伺服器成本的計算

開發元宇宙時，在通訊量、伺服器的負載，以及伺服器成本間取得平衡是相當重要的。例如在 6-5 介紹的 Photon Cloud 就具有「訊息數量」的概念，一個房間的每秒訊息數限制為 500。這裡的訊息數指的是伺服器接收、傳送訊息數量的總計。

例如玩家人數為 4 人的遊戲，其中 1 位玩家移動時，伺服器會收到 1 個訊息，並且傳送 3 個訊息給其他 3 人，因此總共會有 4 個訊息。而剩下的 3 個人也會重複這個過程，因此總共會使用 4 x 4 = 16 個訊息。

如果是一般的應用程式，每秒約會進行 30 次更新，因此會使用 16 x 30 = 480 個訊息。

那麼，如果參加人數為 10 人、20 人時會怎麼樣呢？以 1 秒更新 30 次來試著計算每秒的訊息數量吧。

參加人數 10 人	
參加人數 20 人	

計算過後，應該會知道隨著玩家人數增加，訊息數會變得非常多。因此，也可以限制資訊的更新頻率來減少訊息數量。想讓更多的用戶參加，除了這個方法之外，也需要採取各種對策來減少通訊量。

第 7 章

體驗元宇宙的方法與相關機制

～各式各樣的裝置種類與特色～

≫ 體驗元宇宙的裝置

VR 裝置相當多元

能用於體驗元宇宙的 VR 裝置相當多元,這些裝置是因應各種用途與環境所推出的。在諸多裝置中進行選擇時,**可以著重在追蹤方式與支援環境這兩大重點。**

追蹤方式中,**3DoF** 追蹤頭與頸部旋轉、傾斜所產生的變化,而 **6DoF** 則除了頭與頸部之外,也追蹤前後左右的移動(圖 7-1)。

元宇宙是可以透過智慧型手機體驗的,不過,如果希望能支援 VR,那麼 6DoF 的頭戴式裝置會較為理想。因此在選擇時,可以根據想要體驗的元宇宙平台環境,從 6DoF 的裝置中選擇合適的產品(圖 7-2)。舉例來說,想要體驗 VRChat,就要選擇適用於個人電腦的高階 VR 裝置,或是 Meta Quest 2。

體驗元宇宙的裝置不等於 VR 裝置

想像元宇宙的體驗時,或許有很多人腦中浮現的是戴著 VR 頭戴式裝置的樣子。然而,這要視內容與使用環境而定,有些內容並不支援 VR,也不需要戴上 VR 頭戴式裝置。因此必須注意一點,元宇宙並非一定得具備 VR 裝置。元宇宙的意義本來就不僅限於空間,VR 的意義也不僅限於體驗。

VR 其實不過是提供沈浸式感受的方法。為了體驗元宇宙空間使用 VR 裝置,就能感受到高度的沈浸式感受,感覺「自己實際置身於虛擬空間之中」,體驗品質會提升是無庸置疑的,不過**並不是非得導入 VR 裝置不可**,請記得這點。

圖 7-1 3DoF 與 6DoF 的差別

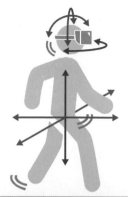

3DoF	6DoF
追蹤頭與頸部旋轉與傾斜所出現的變化	除了頭與頸部之外，也能追蹤蹲下、抓住物品、前後左右的移動等動作

圖 7-2 各個元宇宙應用程式的支援環境

應用程式名稱	開發公司	Meta Quest 2	PC	Play Station	智慧型手機
VRChat	VRChat Inc.	○	○	×	△
Horizon Workrooms	Meta Platforms, Inc.	○	○	×	△
Rec Room	Rec Room, Inc.	○	○	○	△
Cluster	Cluster, Inc.	○	○	×	△
Ambr	ambr, Inc.	×	○	×	×

○：支援 VR　△：不支援 VR 顯示　×：不支援 VR

Point

✎選擇 VR 頭戴式裝置時，可以根據追蹤方式與支援環境來選擇

✎VR 是提供沈浸式感受的一種方式，元宇宙不一定需要具備 VR

✎要如何體驗元宇宙的空間，可以自由決定

» 元宇宙的 **VR** 裝置種類

單獨運作的獨立式裝置

現在最多人使用的 VR 裝置，是不需連接電腦，單獨就能運作的頭戴式裝置。**不必與外部連接，裝置本身就能夠獨自運作完成**，這稱為獨立式裝置（圖 7-3）。

相較於其他 VR 裝置，使用獨立式的 VR 頭戴式裝置能更輕易地進行體驗，並且不需購置其他設備。世界上賣得最好的 VR 裝置──Meta Quest 2 也是獨立式裝置。

高階 **VR** 與手機用 **VR**

除了獨立式裝置之外，還有連接高性能電腦的高階 **VR** 裝置，以及與智慧型手機組合而成的手機用 **VR** 眼鏡。要讓高階 VR 裝置運作，會需要連接到搭載支援 SteamVR（參考 **7-5**）顯示卡的電腦以及 PlayStation 4。由於能達到良好的圖像表現，追蹤的性能也優異，因此可以獲得**較佳的沈浸式感受**。然而，**由於還要另外準備幾項設備，相較於其他裝置，導入的門檻較高**。

另一方面，藉由連接到智慧型手機運作的手機用 VR 眼鏡，由於智慧型手機本身就能成為 VR 裝置，因此很輕易就能導入。目前已逐漸能呈現出豐富的圖像表現，雖然還不及高階 VR，不過能呈現的內容也日趨多元（圖 7-4）。

不過，手機用 VR 還有許多問題，例如只有部分人的手機屬於高規格裝置，另外，將觸控面板作為 VR 畫面，本身就讓操作的方式受到限制。這也導致主流的元宇宙並不支援手機用 VR。

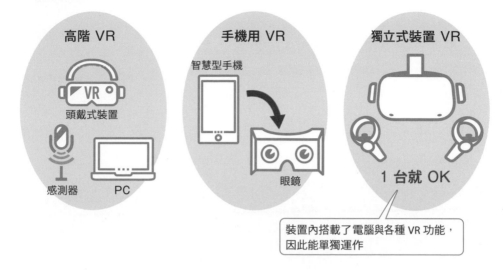

圖 7-3　　不同裝置的使用方法

高階 VR

VR
頭戴式裝置

感測器　　PC

手機用 VR

智慧型手機

眼鏡

獨立式裝置 VR

1 台就 OK

裝置內搭載了電腦與各種 VR 功能，
因此能單獨運作

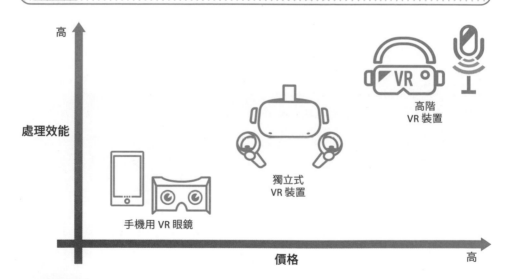

圖 7-4　　各種 VR 裝置的性能與價格

高

處理效能

價格　　　　高

手機用 VR 眼鏡

獨立式
VR 裝置

高階
VR 裝置

Point

∥VR 裝置可以概分為獨立式裝置、高階 VR 裝置，與手機用 VR 眼鏡

∥獨立式裝置 VR 不需要連接個人電腦，單機就可以運作

∥高階 VR 裝置的事前準備門檻雖然較高，但能獲得較佳的沈浸式感受

≫ VR 的機制與技術

VR 體驗的機制

使用 VR 裝置獲得 VR 體驗，會需要結合各式各樣的硬體。原本人類的左眼與右眼看到的畫面在角度上就有些許差異，能藉此認知到自己與物體的距離，以及不同物品的大小。VR 裝置也是運用這個原理，藉由對左右眼顯示稍有差異的影像，重現出立體空間。

位置推算分為兩種方式，分別是使用機器內搭載感測器的**內向外**，以及使用外部感測器的**外向內**追蹤。**要採取那一種方式是依 VR 裝置而異**（圖 7-5）。近來除了頭部追蹤之外，還有以相機、紅外線感測器計算手部位置的手部追蹤，以及計算眼睛位置的眼球追蹤等，有越來越多的方法，讓我們在進行各種 VR 體驗時能有更好的沈浸感受。

呈現身體整體動作的技術

一般的位置計算是使用 VR 裝置、雙手的控制器共三項裝置。如果再加上外部硬體，重現出頭與手部這三個位置以外的下半身動作，就稱為**全身追蹤**（圖 7-6）。

進行全身追蹤時需要用到定位器。定位器分為兩種，一種是外部感測器發射紅外線，再由定位器檢測紅外線並計算位置的紅外線定位，另一種是以內建於定位器中的感測器，從加速度、角速度、方位等資訊來計算位置的慣性定位。最近使用慣性定位的案例也逐漸增加，這是因為相較於紅外線定位，慣性定位的費用較便宜，不需要使用高昂的設備，能夠輕易地進行追蹤。

| 圖 7-5 | | | | | 不同 VR 裝置所支援的追蹤功能 | |

商品名稱	公司名稱	種類	位置計算	位置追蹤	手部追蹤	眼球追蹤
Meta Quest 2	Meta Platforms, Inc.	獨立式裝置	6DoF 內向外	○	○	X
HTC VIVE Cosmos	HTC Corporation	高階 VR 裝置	6DoF 內向外	○	○	X
HTC VIVE Pro Eye	HTC Corporation	高階 VR 裝置	6DoF 外向內	○	○	○
PlayStation VR	Sony Interactive Entertainment Inc.	高階 VR 裝置	6DoF 外向內	○	○	X
VRG-XEHR01BK	Elecom Co., Ltd.	手機用 VR 眼鏡	3DoF	X	X	X

○：支援 VR　△：不支援 VR 顯示　×：不支援

| 圖 7-6 | | | 全身追蹤的定位器穿戴示意圖 | |

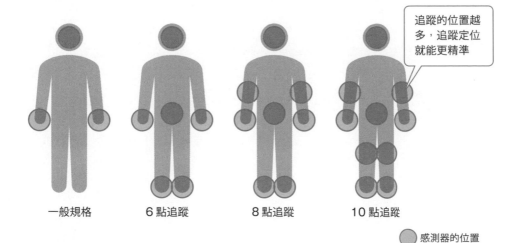

追蹤的位置越多，追蹤定位就能更精準

一般規格　　6 點追蹤　　8 點追蹤　　10 點追蹤

● 感測器的位置

※ 紅外線定位、慣性定位同為以上穿戴方式。

Point

✎ 不同 VR 裝置的位置計算方式與能追蹤的位置並不相同

✎ 位置計算方式分為內向外與外向內

✎ 追蹤全身位置就稱為全身追蹤

≫ 以獨立式裝置體驗

目前賣得最好的 VR 裝置是獨立式裝置

相較於高階 VR 裝置，獨立式 VR 裝置的初期費用較低，而且是無線的，使用起來比較舒適。影像的畫質雖然不及高階 VR 裝置，但是也具有標準的繪圖性能，因此初次購買 VR 裝置時，獨立式裝置經常會成為選項之一。

實際上最多人使用的 VR 裝置也是獨立式的 Meta Quest 2（圖 7-7）。許多元宇宙應用程式都能在 Meta Quest 2 上運作，這點不容忽視。

在 VR 普及之前

包含獨立式 VR 在內，VR 裝置截至目前為止已歷經多次進化（圖 7-8）。在 VR 黎明期，也就是 2016 年，市場上針對一般消費者發布了許多支援 6DoF 的高階 VR 裝置。消費者除了購買 VR 裝置之外，還需要另外準備高效能的個人電腦，導入的門檻很高，因此以商業應用居多，例如設置在商業機構裡作為娛樂用途等。這一年也是 VR 普及的一年，因此被稱作 **VR 元年**。

同一時期也有許多手機用 VR 產品發布，但是並無法提供優異的 VR 體驗，因此並未廣為普及。在那之後，市場對於 VR 裝置的需求，是導入費用低於高階 VR，並且能解決手機用 VR 3DCG 繪圖能力不足與發熱等問題，因此有許多公司投入開發。

接著在 2020 年，Meta 推出了 Meta Quest 2，它是獨立式裝置，便宜且支援 6DoF，如今已是廣受使用的 VR 裝置。

圖 7-7 **VR 裝置的市占率**

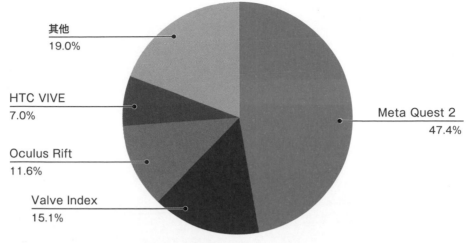

其他
19.0%

HTC VIVE
7.0%

Oculus Rift
11.6%

Valve Index
15.1%

Meta Quest 2
47.4%

資料出處：「Steam 硬體 & 軟體　調查：April 2022」
URL：https://store.steampowered.com/hwsurvey

圖 7-8　**Meta Quest 2 問世之前的歷史**

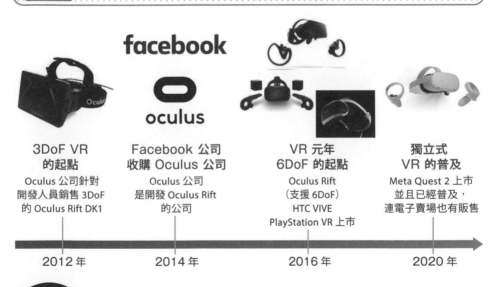

facebook

oculus

**3DoF VR
的起點**

Oculus 公司針對
開發人員銷售 3DoF
的 Oculus Rift DK1

**Facebook 公司
收購 Oculus 公司**

Oculus 公司
是開發 Oculus Rift
的公司

**VR 元年
6DoF 的起點**

Oculus Rift
（支援 6DoF）
HTC VIVE
PlayStation VR 上市

**獨立式
VR 的普及**

Meta Quest 2 上市
並且已經普及，
連電子賣場也有販售

2012 年　　2014 年　　2016 年　　2020 年

Point

🖉 獨立式 VR 是在一般消費者之中最為普及的 VR 裝置

🖉 Meta Quest 2 是獨立式 VR 與 VR 裝置產品中賣得最好的

🖉 獨立式 VR 並不是一開始就有的產品，在它出現之前曾歷經各種改良

≫ 以 PC 體驗

不使用 VR 裝置的元宇宙體驗

以 PC 體驗元宇宙時，可以使用 VR 裝置，也可以透過 VR 裝置，直接以電腦螢幕顯示。使用 VR 裝置能夠獲得較強的沈浸式感受，感覺「自己真的置身於虛擬空間之中」，這確實能夠提升體驗的品質，不過導入 VR 裝置並非必要。

以 VRChat 為例，每 2 位使用者當中使用 VR 裝置的有 1 位（圖 7-9）。使用 PC 體驗時，先不必配戴 VR 裝置，之後再視需求設置體驗環境即可。

各式各樣的高階 VR 裝置

想要透過 VR 體驗高品質的元宇宙，就可以考慮使用高階 VR 裝置，不過選擇時要考量哪些面向呢？

目前有幾個選擇重點，包含代表畫面像素細緻度的解析度、每秒畫面更新次數的更新率，以及可以正常觀看畫面角度範圍的可視角（圖 7-10）。圖 7-10 的項目中會列出 Meta Quest 2，是因為 Meta Quest 2 雖然一般來説屬於獨立式裝置，不過連接電腦後的運作方式與高階 VR 裝置相同。

其他考量因素還包含是否具有感測器、價格區間、是否支援 SteamVR 等。**應用程式 SteamVR 是虛擬實境體驗的基礎**，以 VR 體驗元宇宙時，會經由 SteamVR 讓電腦進行辨識。目前以一般消費者為銷售對象的 VR 裝置，基本上都有支援 SteamVR。

| 圖 7-9 | VRChat 的 VR 裝置使用率 |

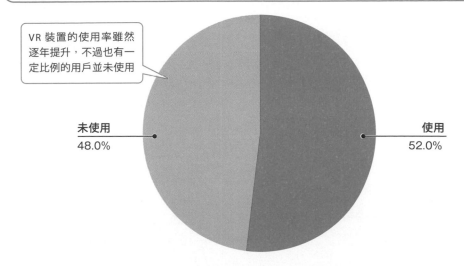

VR 裝置的使用率雖然逐年提升，不過也有一定比例的用戶並未使用

未使用
48.0%

使用
52.0%

資料出處：MoguLive「「VRChat」的同時存取用戶數到達 24,000 人，VR 裝置使用率也提升並刷新紀錄」
URL：https://www.moguravr.com/vrchat-14/

| 圖 7-10 | 各個高階 VR 裝置的性能 |

產品名稱	公司名稱	解析度	最大更新率	可視角	外部感測器	價格
Valve Index	Valve Corporation	2280×3200	144Hz	130°	有	13 萬日圓
Meta Quest 2	Meta Platforms, Inc.	2160×1200	120Hz	100°	有	4 萬日圓
VIVE Pro 2	HTC Corporation	4896×2448	120Hz	120°	有	18 萬日圓
VIVE Cosmos	HTC Corporation	2880×1700	90Hz	110°	無	8 萬日圓

※ Meta Quest 2 的性能資料，為連接 PC 狀態下之資料。

※ 價格僅供讀者參考，請以實際售價為準。

Point

✏️ 使用電腦體驗元宇宙時，可以透過螢幕顯示或使用 VR 裝置

✏️ 選擇高階 VR 裝置時，可以透過解析度、更新率，以及可視角作為選擇基準

✏️ 應用程式 SteamVR 是虛擬實境體驗的基礎

≫ 以手機體驗

尚有許多待解決課題的手機用 VR

使用智慧型手機，可以透過應用程式與瀏覽器畫面來體驗元宇宙，不過，**目前要透過手機用 VR 來體驗元宇宙並不容易**。這是為什麼呢？主因在於它的操作方式。智慧型手機的操作是透過手機前端的觸控畫面，而使用手機用 VR，會將觸控面板用作為 VR 畫面，這樣一來就無法進行觸控操作。此外，為了不讓用戶出現 3D 暈的現象，必須提高畫面的幀數與解析度，不僅如此，還需要解決長時間使用後手機發燙的問題。

過去曾經挑戰推出手機用 VR 的有 **GearVR**、**Daydream** 等產品（圖 7-11）。兩者都是在 VR 裝置上裝上手機，切換到 VR 的專用畫面。值得一提的是，可以同時配戴 VR 裝置並使用專用控制器來操作畫面。

然而，它們並不支援 6DoF，在繪圖效能上有所限制，**並無法提供優異的VR 體驗，也因此並未廣為普及**。

將手機當作電腦使用的全新型態

最近手機用 VR 裝置開始有個趨勢，那就是不使用手機本身的畫面進行繪圖，而是另外接上繪圖用的顯示裝置。另外，眼鏡式的裝置中，針對 AR 用途的稱為 **AR 眼鏡**，針對 VR 的則稱為 **VR 眼鏡**（圖 7-12）。眼鏡式裝置的使用方式就如同眼鏡般配戴使用，相較於頭戴式裝置，它的特徵是機器本體的重量較輕（Meta Quest 2 的機器本體重量為 503g）。

目前元宇宙只支援以往的 VR 頭戴式裝置，不過，**未來若是新的裝置與元宇宙結合，將可能促使一個全新的元宇宙誕生**。

圖 7-11 .... **GearVR 與 Daydream**

Gear VR

三星電子
2015 年發售

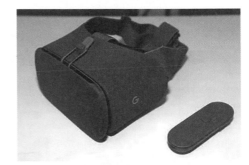

Daydream

Google LLC
2017 年發售

兩者都具有專用控制器，效能已是獨立式裝置原型的等級

圖 7-12 .... **AR 眼鏡與 VR 眼鏡**

AR 眼鏡範例

VR 眼鏡範例

Nreal Light (88g)

Nreal Technology Ltd.
2021 年發售

● 將手機本體作為電腦使用
● 眼鏡本身並未搭載作業系統與電池，
　因此能將重量減輕至 88g

VIVE Flow (189g)

HTC Corporation
2022 年發售

● 手機能作為控制器使用
● 裝置本身已搭載運作系統
● 並未內建電池，因此能將重量減輕到 189g

Point

🖉 目前要以手機用 VR 體驗元宇宙並不容易

🖉 手機用 VR 還存在許多問題，因此未能普及

🖉 未來新的元宇宙將可能使用眼鏡式的 VR 裝置

≫ AR 裝置可以用在元宇宙嗎？

確實可能出現的 AR 元宇宙

負責手機 AR 遊戲《Pokemon GO》技術開發的 Niantic 公司創辦人，同時也是公司 CEO 的 John Hanke 批評道，目前使用 VR 裝置的元宇宙將人類完全關進了虛擬世界裡，簡直就是「反烏托邦」。他也提及，這種 **VR 元宇宙**的體驗都屬於虛擬空間，並無法讓人類獲得所追求的事物，像是與家人、朋友間的關係等。

這種想法認為使用 VR 建構的元宇宙，會創造出與現實截然不同的全新世界。另一方面，運用 AR 的元宇宙概念則是**豐富現實中的環境**。**AR 元宇宙**讓我們可以在實際的穿著上搭配元宇宙的虛擬分身服裝，打造出新的時尚。未來在現實中的實際走訪之處，也有機會能即時接收該地點的相關資訊。不久後的將來，或許我們可以透過元宇宙，將目的地的評價、位置、歷史等資訊與現實融合，創造出全新體驗。這兩個概念並沒有優劣之分，只代表世界上存在著不同概念的虛擬世界，而我們可以自由選擇，這也是元宇宙應有的樣貌（圖 7-13）。

AR 元宇宙的課題

目前 AR 元宇宙的實際應用還存在許多課題。**我們需要透過裝置，才能無縫體驗由以下三項技術所打造的世界 —— 自動製作三維地圖，在現實中重現元宇宙的技術、能立即辨識周圍環境的技術、與他人共享體驗內容的技術**（圖 7-14）。目前雖然尚在摸索以手機體驗 AR 的技術，不過難以達到無縫體驗，因此許多人期待未來能出現可以實際應用、如眼鏡般配戴於身上的裝置。

圖 7-13　　　　　　**以 AR 元宇宙擴充的真實世界**

智慧型手機

標記

以手機掃描現場標記，
顯示 AR 畫面

讓 3D 模型與
各種效果和現實中的
風景重疊顯示

reset　map

AR 顯示畫面

參考資料：　ARGO「以 AR 鏡頭掃描風景，重現江戶時代的今治城！『今治城 AR』登場」
　　　　　　（URL：https://ar-go.jp/media/news/imabarujyou-ar）
　　　　　　「觀光推廣用 AR 應用程式《石見銀山 AR》」（URL：https://berise.co.jp/topics/iwamiar/）

圖 7-14　　　　　　**實現 AR 元宇宙的 3 大技術課題**

重現真實世界
自動製作三維地圖
與現實中的世界融合

分享體驗
即時在玩家之間
分享資訊

辨識環境
立即辨識現實中的
物品資訊

Point

✎ 也有使用 AR 裝置的 AR 元宇宙

✎ AR 元宇宙的概念是讓現有的環境更為豐富

✎ 目前要實現 AR 元宇宙，會需要軟體與硬體同時進化

145

≫ 以瀏覽器體驗

網頁瀏覽器的種類與功用

網頁瀏覽器是**瀏覽網頁時使用的應用軟體**。它的功用是透過存取用戶指定的網址（URL），要求管理網頁的網頁伺服器傳送資料，並讀取傳送過來的 HTML 檔案、階層樣式表（CSS）、腳本（JavaScript）、圖檔等，最後以指定的格式顯示網頁。

具代表性的網頁瀏覽器中，以個人電腦來説有 Google Chrome、Firefox、Microsoft Edge 等，而 Mac 則是以 Safari 為標準網頁瀏覽器（圖 7-15）。如果是智慧型手機與平板裝置，Android 使用的是 Chrome，iOS 則是安裝 Safari 作為標準瀏覽器。如前述例子，裝置與作業系統不同，使用的標準瀏覽器也有所不同。

以網頁瀏覽器體驗的各種方法

以瀏覽器體驗元宇宙是以電腦螢幕與手機畫面為主流，不過，若使用「**WebXR Device API**」技術，**就能連結外部裝置運作**。

「WebXR Device API」是在網頁瀏覽器上辨識 VR 裝置，以取得各裝置方向與動作狀態的一項技術。有了這項技術，就可以連結感測器與頭戴式顯示裝置等 VR/AR 裝置，透過 VR 享受網頁上的內容。不過，WebXR 的技術還處於開發階段，並不穩定，且裝置的規格決定了效能表現，這些都需要注意。

另外**還有一種方法是使用手機用 VR 眼鏡**。只要在瀏覽器顯示內容的狀態下，將手機裝上 VR 裝置，就能輕鬆地體驗 VR（圖 7-16）。

圖 7-15　　　　　　　　　　　主要的網頁瀏覽器

服務名稱	Google Chrome	Firefox	Microsoft Edge	Safari
開發商	Google	Mozilla	Microsoft	Apple
主要支援的作業系統	●Windows ●Android ●MacOS ●iOS	●Windows ●Android ●MacOS ●iOS	●Windows ●Android ●MacOS ●iOS	●MacOS ●iOS

圖 7-16　　　　　　　　　以瀏覽器體驗元宇宙的方法

以個人電腦與智慧型手機
的螢幕體驗

將裝置連接至個人電腦
（透過 WebXR Device API 連結）

將手機裝上 VR 裝置

Point

🖉 網頁瀏覽器是用於瀏覽網頁的應用軟體

🖉 使用「WebXR Device API」，就可以連結外部裝置

🖉 也可以使用手機用 VR 眼鏡進行體驗

>> 運用區塊鏈技術的應用程式

具代表性的區塊鏈應用程式

本節將會介紹幾個運用區塊鏈技術的應用程式案例。**The Sandbox** 就是一個具代表性的例子。The Sandbox 是**將虛擬世界的土地、不動產、角色等作為 NFT，透過區塊鏈進行管理**（圖 7-17）。玩家可以在土地上製作遊戲與立體透視模型，讓其他的玩家遊玩。

此外，可以將製作的遊戲與立體透視模型用付費的方式提供給其他玩家，或是將在遊戲中製作的物品上架到 NFT 市場以賺取收入。**還可以藉由土地與製作的建築來獲取不動產收益**。

可以透過 VR 體驗的區塊鏈應用程式

目前也推出了可以透過 VR 裝置體驗的區塊鏈應用程式（圖 7-18）。Decentraland 被認為是最早期以元宇宙為概念的區塊鏈計畫，是在 2015 年由 Ari Meilich 和 Esteban Ordano 推出的 2D 平台。這個平台之後進化成結合 VR 與區塊鏈技術的虛擬空間平台。Decentraland 是基於以太坊所建構的，並且使用專屬的加密資產，稱為 MANA。

Cryptovoxels 是由紐西蘭 Nolan Consulting Limited 的創始人 Ben Nolan 主導開發，是運用以太坊區塊鏈的 3D 虛擬世界。**Somnium Space** 是最聚焦於 VR 的計畫，目前已募得 100 萬美元的資金。它已經可以透過 VR 裝置來進行體驗，虛擬世界中的土地與不動產等都是以 NFT 的形式，透過區塊鏈來管理。

| 圖 7-17 | The Sandbox 的地圖 |

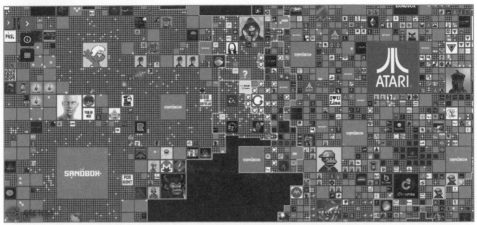

被稱為「LAND」的土地上,顯示了持有者所設定的標誌

參考資料: https://www.sandbox.game/jp/map/

| 圖 7-18 | 主要的區塊鏈應用程式 |

服務名稱	The Sandbox	Decentraland	Cryptovoxels	Somnium Space
區塊鏈	以太坊	以太坊	以太坊	以太坊
使用貨幣	SAND	MANA	以太幣	Cubes
主要特色	全球下載次數高達4,000萬次,是區塊鏈版本的手機遊戲	被認為是最早的區塊鏈計畫	在以區塊鏈為基礎的計畫中,是第一個支援 VR 的計畫	在幾個計畫中是最聚焦在 VR 的計畫

參考資料: baaS Info「元宇宙(虛擬世界)與區塊鏈帶來的 NFT 的未來」
(URL:https://baasinfo.net/?p=5833)

Point

✍ 區塊鏈的土地、物品等是以 NFT 的形式管理

✍ 用戶可以運用土地與物品來賺取收入

✍ 目前也出現能以 VR 裝置體驗的區塊鏈應用程式

» 區塊鏈應用程式的課題

絕不算快的處理速度

急遽受到關注的區塊鏈技術，其實還有幾個待解決的課題。首先是交易**處理速度**的問題。

使用分散式資料庫的區塊鏈，每筆交易的核可需要經過龐大的流程。目前具代表性的區塊鏈——比特幣與以太坊，**與既有的信用卡等中央管理式的資料庫相比，處理速度其實並不快**（圖 7-19）。

一旦使用區塊鏈的用戶數增加，區塊鏈內的交易量就會提升，這樣完成交易的速度緩慢問題將會更加嚴重。然而，目前也有開發出處理速度較快的區塊鏈，許多社群都持續在進行改善。

區塊鏈也有安全性的問題

其次是**安全性**的問題。不特定多數用戶都可以參加的區塊鏈稱為**公有鏈**，基本上它是開放的，任何人都可以參加，因此**無法排除惡意用戶的加入**。公有鏈之外也有私有鏈、聯盟鏈等，是由中央管理，並限制可加入的對象，因此它的特徵是可以消除公有鏈的缺點。然而，這些是基於對中央管理端的信賴而成立，因此會犧牲掉部分非中央集權式的區塊鏈原始特性（圖 7-20）。

此外也還有其他的問題，像是**無法確保支付時很受重視的「最終性」，具備最終性可以確保用戶確實收到預期的金額**。這是因為在區塊鏈上經常會同時有多個區塊形成，每當這個情況發生，區塊鏈就有可能分叉，無法完全避免交易內容被改變的可能性。

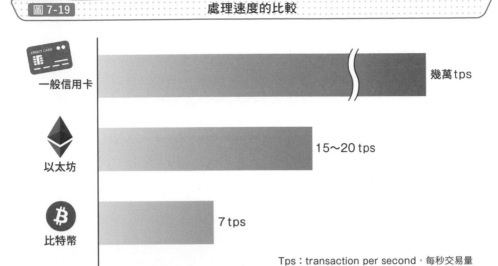

圖 7-19　處理速度的比較

一般信用卡　幾萬 tps

以太坊　15〜20 tps

比特幣　7 tps

Tps：transaction per second，每秒交易量

區塊鏈的處理效能比起一般信用卡慢得多

圖 7-20　公有鏈與私有鏈的差異

	公有鏈	聯盟鏈	私有鏈
管理者	無	多個組織	單一組織
網路參與者	不特定多數	特定多數	組織所屬用戶
形成共識	PoW、PoS 等 （嚴謹）	特定人員間的共識 （不需要嚴謹的核可流程）	組織內核可 （不需要嚴謹的核可流程）
同意的速度	低速	高速	高速
應用模式	加密資產	金融機構等	金融機構等

Point

  ⟋ 區塊鏈的處理速度並不快

  ⟋ 公有鏈無法排除惡意用戶

  ⟋ 支付時如何確保最終性是個問題

解析度與更新率

本章介紹了許多體驗元宇宙的方法。在 7-5 也說明了解析度與更新率。

以下是筆者所使用電腦的解析度與更新率。由資料可知，桌上型電腦的解析度為「1920x1080」，意思是螢幕的橫向有 1920 個像素，縱向有 1080 個像素，如果螢幕的尺寸相同，那麼解析度的值越高，就能顯示出越細緻、漂亮的畫面。

更新率則是「60.001Hz」，意思是 1 秒畫面大約會更新 60 次。這個數值越大，影像看起來就會越順暢。

🖥 **顯示器資訊**
   顯示器 1：已連線到 Intel(R) Iris(R) Plus Graphics

桌面解析度	1920 × 1080
使用中訊號解析度	1920 × 1080
更新率（Hz）：	60.001 Hz

如果使用的是 Windows 10 個人電腦，可以點選「開始→系統→顯示→進階顯示設定」查詢螢幕解析度與更新率。智慧型手機的螢幕與 VR 等裝置也分別都可以設定這些項目，請在自己手邊的裝置上操作看看。

第 8 章

商業上的元宇宙應用

～企業如何展開元宇宙的商業應用？～

》 新冠疫情與元宇宙

新冠疫情帶來的改變

新冠疫情（COVID-19）的傳播讓我們的生活有很大的改變。工作與工作型態改變，日常生活中面對面的溝通減少了，各種活動也開始改為線上舉辦。像是網路購物、電玩、瀏覽影片內容、線上會議等，這些**被認為是受到新冠疫情影響，人們減少外出而增加的線上活動**（圖 8-1）。

這些線上活動帶來與人交流的真實感受，可以說是促使元宇宙活絡的助力。包含線上遊戲等線上活動在內，有更多人際關係與交流開始在虛擬空間中進行，以往實體店鋪的商業模式也可以在虛擬空間裡重現，這都顯示出元宇宙在商業領域的需求開始顯現。雖然還在發展階段，不過從商業的角度來看，元宇宙的未來大有可期。

商業化的期許

過去從事實體商務的企業與店家在新冠疫情民眾減少外出的影響下，採取了各種變通方式與改善措施。許多活動與展覽在疫情期間無法舉辦，或是必須設定人數限制，企業被迫採取與以往不同的做法。

在這個背景下，開始有活動與展覽在虛擬空間上舉行。企業在虛擬空間上舉辦活動，邀請客戶以虛擬分身參與，取代實體活動（圖 8-2）。

這種新的活動型態也成為疫情後的新選擇，**越來越多企業選擇導入虛擬空間的活動與展覽**。

圖 8-1 疫情讓活動型態產生改變

線上活動增加

觀看影片　　網路購物

線上會議

電玩　　　　元宇宙

圖 8-2 虛擬空間上的活動

虛擬活動、展覽
CG 讓所有事情變得可能。也有些效果只有虛擬空間才能呈現出來

Point

〃疫情讓線上的活動增加,元宇宙也開始盛行

〃虛擬空間上的活動開始受到討論

〃企業開始以各種形式導入虛擬活動

» 運用虛擬空間推動事業

令人關注的虛擬商務

在新冠疫情的影響下，企業與個人開始將活動場域轉移到虛擬空間。**企業會轉而到虛擬空間活動，除了取代實體活動之外還有許多原因，像是希望做出全新挑戰，或是作為行銷手段，與提升顧客參與度等**（圖 8-3）。

虛擬空間有其優點，例如能讓虛擬分身之間進行交流，**有些呈現方式只有虛擬的方式才做得到**。企業能夠以自己的世界觀（自有的空間與展現方式）進行企業介紹與產品推廣等活動，並透過虛擬分身與顧客溝通，藉此提供顧客不同於網頁、電子商務的體驗。這種虛擬的體驗與具交流性質之服務，開始被應用在商務領域。

真實世界與虛擬空間的結合

即使各種活動已經轉為在虛擬空間上舉行，有些體驗當然還是只有真實世界中才能獲得，不能只依賴虛擬空間。即便舉辦的是虛擬展覽，要如何呈現虛擬空間上的商品與企業品牌及目的（企業的存在意義），才能轉化為現實世界中的購買行為並取得顧客，是企業需要思考的課題。

虛擬與真實世界的界線開始消失，如今，虛擬空間可以是客戶認識品牌、接觸品牌的場所。而**虛擬商務**與**實體商務間要如何結合並有效應用**，將成為關鍵（圖 8-4）。

與以往線上體驗（網路購物等）截然不同的全新體驗（購物體驗），可能就存在於虛擬空間。

圖 8-3 　　　　　　　虛擬商務的應用範例

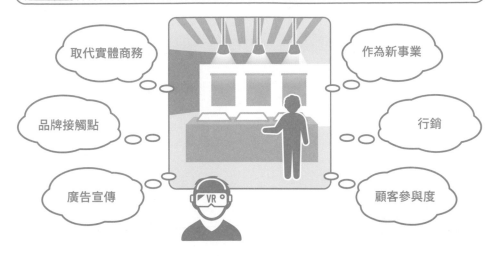

取代實體商務

作為新事業

品牌接觸點

行銷

廣告宣傳

顧客參與度

圖 8-4 　　　　　　現實世界＋虛擬世界的應用

實體與虛擬的應用是指？

現實世界（實體）

取得顧客／購買行為

以虛擬的方式串起並
深化顧客與企業、
商品間的關係

現實與虛擬世界
的界線消失

以虛擬空間才能達到的
呈現、傳達方式，
提升顧客的關注

虛擬空間（虛擬）

品牌接觸點／
提升顧客參與度／
企業宣傳／產品介紹

Point

✐ 企業基於各種原因與目的開始運用虛擬空間

✐ 可以採用虛擬空間才做得到的呈現與傳達方式

✐ 實體與虛擬要怎麼結合是往後的重點

虛擬空間與線上工具的差異

虛擬空間與持續式的共享空間

以往的線上工具（網頁、影片內容、視訊會議等）與虛擬空間（虛擬）之間有幾個差異之處。

虛擬空間擁有具持續性的空間，這點與視訊會議不同。視訊會議是在指定時間點擊發行的網址進入會議室，時間一到會議就結束。視訊會議並不具持續式的空間，只能算是視訊通話。是帶有意圖與某個目的與人溝通時使用的工具。相較於此，虛擬空間裡則有著人（虛擬分身）可以置身的「地方」，而這個地方會持續存在（圖 8-5）。人可以參加在這個地方舉行的活動，並與一起參與的人們（虛擬分身）交流。在虛擬空間裡，以虛擬分身之姿聚集在所處地點，將可能出現偶然的相遇與溝通機會。

在虛擬空間裡，**人們可以共享體驗**，像是與其他人一起進行、觀看，以及從事某項活動。這也是虛擬空間與網路工具的差異之處。

不只是「觀看」，而是感覺「置身其中」

如前述，既有的網路工具與網路屬於 2D 的「觀看」體驗。而虛擬空間與元宇宙則可以在持續式的 3D 空間中，透過虛擬分身，感覺自己是存在其中的個體，用戶也可以共享同一空間，因此會感覺自己「置身其中」（圖 8-6）。

「置身其中」而非只是「觀看」，這可以說是虛擬空間與網路及既有網路工具間的最大差異。有許多商業模式運用這種「置身其中」的感受，打造專屬於虛擬空間的獨特體驗與交流模式。

圖 8-5 虛擬空間具有人的置身之「處」

沒有人的置身之「處」

網頁

網路購物

視訊通話

線上會議

● 時間一到視訊會議就結束
● 沒有能與他人見面的空間

虛擬空間裡有人（虛擬分身）
的置身之「處」

虛擬空間

虛擬分身　虛擬分身

人以虛擬分身的方式
加入持續式的空間

圖 8-6 不是「瀏覽」2D 資訊，而是「置身」於 3D 空間的感覺

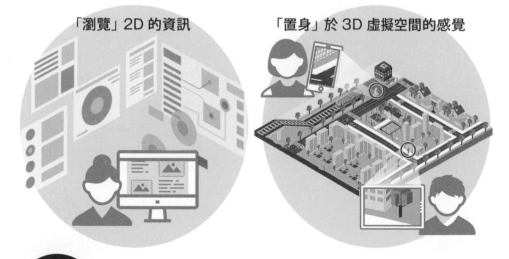

「瀏覽」2D 的資訊

「置身」於 3D 虛擬空間的感覺

Point

🖉虛擬空間中存在著人可以參與的持續性空間

🖉透過虛擬分身，可以與他人共享相同的空間與體驗

🖉「置身其中」而非只是「瀏覽」的體驗，是與線上工具的差異之處

» 元宇宙的商業潛力

滿足人類需求的元宇宙商務

有了「置身」於虛擬空間的感覺，用戶會開始依照自己的喜好設定虛擬分身，也會想要為虛擬分身換裝以展現自我。虛擬分身也具有身分認同，以著名的馬斯洛需求層次理論來說，或許社會需求與尊重需求在元宇宙上也具有商機。包含 Epic Games 所販售、發行的《要塞英雄》在內，如今為虛擬分身換裝等數位時尚已經形成極大的產業。此外，從《Minecraft》這類可以自由配置區塊，在享受創造建築的同時也能展現自我的遊戲，以及加入社群並協力遊玩的遊戲等，可以看出**社會需求與尊重需求也存在於元宇宙**（圖8-7）。

此外，在元宇宙上或許也會產生自我實現的需求，人們或許會希望在元宇宙上圓夢，離自己的理想更進一步。就像是想要成為歌手的 VTuber（請參考 **2-8**）一樣，元宇宙也與真實世界相同，只要可以滿足人類的需求，或許就能成為新商機。往後，元宇宙的經濟活動普及，想要在元宇宙上實現自我的人將可能增加。

元宇宙中的經濟活動

現在的幾個虛擬活動與線上遊戲中，雖然已有虛擬空間內的經濟活動，不過還稱不上是普及。由於任何人都可以輕易地在虛擬空間展開經濟活動，並不僅限於名人，未來元宇宙與虛擬商務應該還會進一步擴大。**元宇宙與經濟活動是否普及，是往後擴大虛擬商務的關鍵**（圖8-8）。

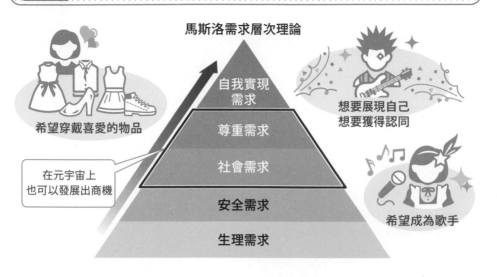

圖 8-7 人在虛擬空間裡也需要滿足需求

馬斯洛需求層次理論

希望穿戴喜愛的物品

在元宇宙上也可以發展出商機

自我實現需求

尊重需求

社會需求

安全需求

生理需求

想要展現自己
想要獲得認同

希望成為歌手

圖 8-8 未來關鍵的元宇宙與經濟活動

虛擬空間

經濟活動

元宇宙與經濟活動的普及是未來擴大虛擬商務的關鍵

Point

✎元宇宙中也存在人的需求,滿足需求的元宇宙才較容易發展出商機

✎元宇宙中的經濟活動普及,是未來虛擬商務能否擴大的關鍵

≫ 數位孿生與元宇宙

數位孿生是什麼？

數位孿生是**從真實世界的物理空間收集資訊，並重現於虛擬空間的一項技術**。由於是從真實世界的物理性事物收集資訊，並複製到數位空間裡，因此具有「數位雙胞胎」的涵義。

數位孿生能夠在虛擬空間中模擬物理空間的未來變化，並為預期會發生的物理空間變化做準備。數位孿生與以往的模擬之間的差異，在於**「即時性」**以及**「與真實世界的連結」**。一般的模擬器是分析現實中的現象並予以假設，並未與現實中的事物有所連結，因此容易產生即時性較低的狀況。另一方面，數位孿生則是即時將現實世界的資訊重現於虛擬空間，並以此為基礎對未來進行預測，因此可以達到更即時，也更貼近現實的模擬。

數位孿生的應用

數位孿生被應用在各種領域（圖 8-10）。

以製造業為例，數位孿生能被應用在設備維護，例如在產品與產線發生問題時，分析即時資料並找出故障原因。也可以重複於虛擬空間中改良產品與試產。另外還可以提升品質、對試產成品進行風險與成本控管等。

在災害管理方面，數位孿生則可以從氣候變遷的監控資料，對災害預測與最佳救援計畫展開提案。此外，數位孿生也開始被應用在以提升企業、民眾生活方便性為目標的智慧城市中，從都市中的設備運作、消費者行為等各種資料，將基礎建設與建設維護業務最佳化。

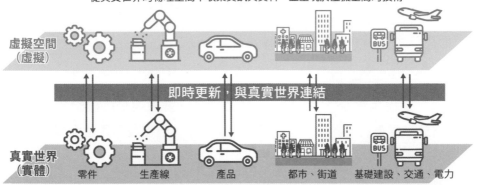

圖 8-9　　　　　數位孿生的示意圖

數位孿生是什麼？

從真實世界的物理空間中收集資訊與資料，並重現於虛擬空間的技術

虛擬空間
（虛擬）

即時更新，與真實世界連結

真實世界
（實體）　　　零件　　　生產線　　　產品　　　都市、街道　基礎建設、交通、電力

圖 8-10　　　　　數位工具的應用範例

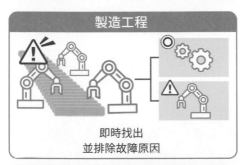

製造工程

即時找出
並排除故障原因

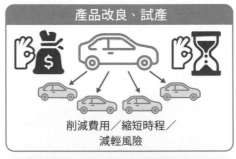

產品改良、試產

削減費用／縮短時程／
減輕風險

災害預測與救援計畫

資料

災害動態分析

災害預測、
制訂救援計畫等

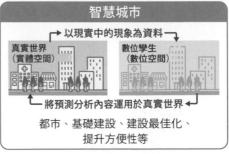

智慧城市

以現實中的現象為資料

真實世界
（實體空間）　　　　數位孿生
　　　　　　　　　（數位空間）

將預測分析內容運用於真實世界

都市、基礎建設、建設最佳化、
提升方便性等

Point

🖉 數位孿生是將現實世界的資訊複製到數位空間的技術

🖉 數位孿生的特徵是即時，並且與真實世界連結

🖉 數位孿生被應用於製造業與各種領域中

163

» O2O、OMO 的商務應用

實體店面商務與元宇宙

能夠將元宇宙發展出商務應用的，並不只有能銷售 NFT 等數位資訊的企業。**即使是在真實世界，而非在虛擬空間中擁有店面，只要有靈感，就有機會發展出元宇宙的應用。**

要將實體店面的商務與元宇宙結合，主要有兩種方法。第一種是**在元宇宙空間進行宣傳等活動，讓顧客實際走訪店鋪**，這種概念稱為 O2O（Online to Offline）。另一種是**將元宇宙與實體店鋪結合並發展商務，不將兩者分開思考**，這種概念稱為 OMO（Online Merges with Offline）（圖 8-11）。

O2O 與 OMO 之間的差異與範例

O2O 與 OMO 的名稱很相似，其中的差異可能有些難懂。以具體的例子說明，透過網路廣告與社群平台等宣傳實體店鋪，或是發送優惠券來發展業務的方式就是 O2O。它的特徵是線上與線下所扮演的角色非常明確。

另一方面，OMO 是指將線上與線下結合的狀態。例如有種機制是讀取實體店鋪中的商品條碼就能進行非現金支付，並且不需要自行拿取商品，商品也能寄送到自己家中。這只是其中一個例子，只要能在不區分線上、線下的情況下讓顧客體驗服務，就算是 OMO 的機制。

以上述的 O2O、OMO 概念來思考元宇宙，就能發現既有商務模式中也存在各種商機，並且有機會打造出前所未有的服務體驗（圖 8-12）。

| 圖 8-11 | O2O 與 OMO |

O2O

應用程式　電子商店　社群平台

將線上的顧客引導至線下

OMO

應用程式　電子商店　社群平台

數位資訊

將線上與線下連結

| 圖 8-12 | 元宇宙與 O2O、OMO 結合的範例 |

O2O

SUPER
SALE
50%

在元宇宙空間為
實體店鋪進行促銷

OMO

只要在元宇宙購買試穿的商品，
就能運送到家

Point

☑ 擁有實體店鋪也能發展元宇宙的應用

☑ 從線上吸引顧客至實體店鋪等招攬顧客的概念，稱為 O2O

☑ 不區分線上與實體店鋪，這種體驗的概念就稱為 OMO

》 資料的商務應用

資料運用是元宇宙的關鍵

在元宇宙的商業應用中，有一個觀點也很重要，那就是「從元宇宙獲得的資訊要如何應用在實際的商務中」。由於元宇宙是數位空間，因此可以收集、分析各種資訊，像是服務註冊用戶的顧客資料、行為資料、瀏覽與購買銷售商品的資料等。

此外，元宇宙也可以藉由與 VR 結合進一步取得資訊（圖 8-13）。例如想要取得用戶「是以什麼順序來瀏覽商品」、「對哪些商品感興趣」等資訊時，可以結合顧客實際身體動作並轉換為資料，或是存下用戶眼睛注視之處的影片。

元宇宙作為試銷工具

元宇宙也能夠以數位孿生的方式重現貼近真實世界的空間。如果現實生活中難以實現的事物能夠輕易地在元宇宙中嘗試，就可以應用在企業的試銷上（圖 8-14）。

只要有想法，元宇宙應該就能運用在各種商務領域的試銷。例如「讓顧客在元宇宙中試乘各種設計的汽車，並聽取顧客意見」，以及「將元宇宙中便利商店的銷售物品改變位置，並比較營收」等。

當然，現階段要讓用戶在元宇宙獲得與真實世界完全相同的體驗並不容易。不過，在商品開發前如果能進行商品的追蹤測試，或是藉此讓顧客預約購買，那麼中小企業與創投企業在發展新事業時也能更加容易。

圖 8-13 可以在元宇宙取得的資料

行為資料

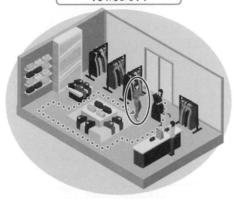

用戶在元宇宙空間中日如何移動、
與其他人如何進行溝通等資料

視線資料

用戶實際上是如何瀏覽店鋪與商品、
花多少時間觀看商品等資料

圖 8-14 在元宇宙試銷的範例

商品測試

在銷售商品前測試各種元素,
商品的設計與使用方式、功能等

銷售測試

在銷售前針對銷售商品的場所、
價格、促銷方法、包裝等進行測試

Point

🖉 在元宇宙可以取得各式資料,並進行商務應用

🖉 如果以 VR 加入元宇宙,就可以取得視線與動作等詳細資料

🖉 實際商品銷售前也可以在元宇宙進行試銷

》 企業不需要自行建立元宇宙

開發元宇宙並不實際？

受到各種元宇宙相關的新聞影響下，應該有越來越多人想著「我們公司也來建構元宇宙，發展新的事業吧！」。不過，對許多企業來說，只靠自家公司的力量建構元宇宙並不簡單，而且將其發展為事業時失敗的可能性也很高（圖8-15）。

許多企業在建構虛擬空間上投入龐大的資金與人力，Meta 等科技巨擘與大型遊戲公司自然不在話下，其他還有成功調度資金的創投企業等。元宇宙已然**成為紅海市場，從零開始建構將會耗費龐大費用**，例如開發費用與伺服器費用等，而且還不保證能夠成功商業化。對許多企業來說，**自行開發**元宇宙應該並不實際吧。因此，借助外部的力量，使用委外建構的元宇宙也是方法之一。

也可以使用元宇宙的服務

為自家的服務導入元宇宙時，不要貿然建構新的系統，建議**可以先從既有的元宇宙相關服務開始導入**。在還不知道元宇宙是否適合自家服務的狀態下，只因為元宇宙是當下的趨勢，就輕易投入龐大的資金與人力，這是相當冒險的。

例如，只要使用 VRChat 等服務，就可以製作公司原創的虛擬分身與空間並舉辦活動。另外，也有越來越多企業使用《動物森友會》等遊戲，在遊戲中介紹自家服務。

首先請先參考各式企業採取的措施，測試性地開始運用元宇宙吧。實際展開行動，應該會了解更多、思考更多（圖 8-16）。

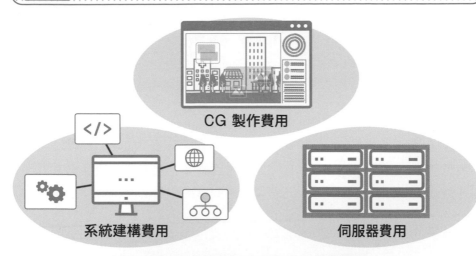

圖 8-15　元宇宙開發所需成本範例

CG 製作費用

系統建構費用

伺服器費用

建立元宇宙空間與虛擬分身的 CG 製作費用，
建構系統的費用，另外也需要每日持續提供服務所需的伺服器費用

圖 8-16　元宇宙的應用從測試導入開始

如果一下就投入發展元宇宙……

**開發需要投入
龐大的成本**

**無法通過公司
內部的決策**

無法聚集用戶

一下子就將元宇宙納入自家服務並著手開發，
在成本面與實務面的難度都相當高

Point

✐ 元宇宙已逐漸走向紅海市場

✐ 要經營元宇宙，除了開發費用外，也會需要伺服器的費用

✐ 首先，可以先測試性地導入既有服務來展開應用

》 企業要思考如何與元宇宙共存

不要弄錯手段與目的

「元宇宙」一詞開始在商業界變成流行用語，已然是泡沫般的狀態。在「DX（數位轉型）」一詞備受矚目的如今，雖然有許多企業都著手展開數位轉型，獲得成功的企業卻寥寥無幾，元宇宙目前的狀態與這個現象就極為相似。

數位轉型的目的，並不在於展開數位轉型這件事，它終究只是用於優化顧客體驗、提升員工工作效率的手段。

元宇宙也是相同，**它終究是用來達成目的的一個手段**。因此，應該要依據自己公司的經營狀況來設定目標，再展開元宇宙的應用，將元宇宙作為達成目標的手段（圖 8-17）。

享受元宇宙吧！

到目前為止的小節介紹了不同商業領域中的元宇宙應用方式，不過，首先應該做的，我認為是「**自己試著享受元宇宙的世界**」（圖 8-18）。

「元宇宙可以達到什麼？」、「為什麼人們要聚集到元宇宙？」、「元宇宙的普及還存在著什麼課題？」，這些問題不是只瀏覽新聞與社群平台等資訊就能夠深入思考的。

自己投入元宇宙體驗，就可能會出現各種商業上的靈感。目前在國內、外成功將元宇宙商業化的企業還為數不多，只要從現在著手展開，就很有機會能夠與其他企業做出差異。

圖 8-17 不能弄錯手段與目的

【錯誤目的範例】

以元宇宙
展開新的應用

【正確目的範例】

促進顧客回購商品
提高營收

如果導入元宇宙這件事變成了目的，
導入後並不知道如何進行下去，也無法改善，
專案失敗的可能性會很高

圖 8-18 首先要「體驗」元宇宙

【新聞與社群平台的資訊】

全球市場資料與易懂的案例等資訊

➡ 想到的都是從企業角度出發的應用

【實際體驗的經驗】

自己體驗元宇宙之後了解到的
感受與問題點

➡ 較容易想到從用戶角度出發的
應用方式

Point

✎ 元宇宙在商業領域中已經和「數位轉型」一樣，變成了流行用語

✎ 正因為是流行用語，不要弄錯手段與目的就相當重要

✎ 思考商業靈感前，首先要試著體驗

小 試 身 手

思考元宇宙的商業應用

往後，在各個商業領域中可能會進一步展開元宇宙的應用。

假設實際上你所任職的公司將要發展元宇宙的應用，請試著思考看看怎麼樣的做法有可能成功？

< 元宇宙的應用企劃案（範例）>

☐ **課題**

例：自家公司商品的認知度偏低。

☐ **解決方式**

例：為了提升認知度，在元宇宙空間裡為商品宣傳。

☐ **具體的推展方式**

例：在已經有一定用戶數量的元宇宙空間中，建立一個會場介紹自家的商品。另外，將會場的情況等透過社群平台與發布新聞稿等方式，隨時對外發布資訊。

< 元宇宙的應用企劃案 >

☐ **課題**

☐ **解決方式**

☐ **具體的推展方式**

第 9 章

元宇宙的未來發展

~試著想像元宇宙的未來~

» 元宇宙未來的課題

尚未完備的規則與法規

到目前為止介紹了元宇宙的潛力，不過，在元宇宙中進行的商業交易與交流，其相關法規與法律的完備上其實還存在許多問題（圖 9-1）。

例如針對虛擬物件的著作權保護與侵權、破壞行為的賠償法規，以及針對青少年使用疑慮、洗錢、詐欺的相關法律制定問題等。

現在，日本經濟產業省已經開始主導並整建相關法規，不過**在法律建置完備前，各種問題都可能發生，因此必須留意**。

使用方便性的問題

VR 裝置的使用方便性也是個問題。雖然目前的 VR 裝置相較於前些年已經進步許多，不過還是很有重量，外型尺寸較大，說不上能夠輕鬆配戴。只要穿戴一小時，就會開始流汗，脖子等處也會開始感覺疲勞。因此 VR 裝置還是需要設計得更小、更輕。

另外，裝置本身難以播放 360 度的高畫質影片（8K、16K），以及不容易與加密資產、電子錢包，還有 NFT 連結，因此**元宇宙作為社會、經濟功能，要讓任何人都能夠輕易地使用上手，應該還需要很長一段時間**（圖 9-2）。

此外，雖然這點不完全是使用方便性，不過在 VR 發展的黎明期，確實有著體驗層面的問題。有許多人只因為最開始 VR 體驗的內容品質較低，就產生刻板印象，認為 VR 很無聊，會讓人頭暈等。**因此元宇宙也必須兼顧軟體與硬體，採取提升整體體驗品質的措施**。

圖 9-1 元宇宙的法律風險

許多的問題

 虛擬物件
的權利

違法、有害資訊
的流通

青少年的
使用問題

洗錢與詐欺

虛擬空間內適用的法規

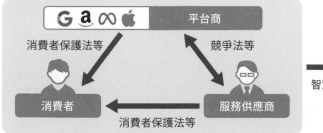

平台商

消費者保護法等　　　競爭法等

消費者

服務供應商

消費者保護法等

智慧財產權等　→　權利人

資料出處：根據日本經濟產業省「令和 2 年度內容海外展開促進事業（虛擬空間未來的可能性與各式問題相關
之調查分析事業）」製成

圖 9-2 VR 裝置的各種問題

硬體面的問題

- 太重
- 不易散熱，容易發燙
- 影響髮型
- 配戴麻煩
- 易髒，難以與他人共享
- 電池續航力只有幾小時

雖然現況以大幅
改善了，但……

軟體面的問題

- 裝置內是 PC，使用上須
具備一定的 IT 素養
- VR 應用程式操作不易
- 並非簡單易懂的 UI
- 難以與 NFT 等相互連結

必須努力提升硬體、軟體的整體體驗品質

Point

🖊在法規與法律建置上仍有待解決的課題，因此必須留意各種問題產生

🖊VR 裝置還未成為每個人都能輕鬆上手的裝置，因此需要進化

🖊需要同時提升硬體、軟體整體的體驗品質

» VR/AR 裝置的進化

VR 裝置的解析度

部分預測指出 2025 年 VR/AR 裝置的出貨量會到達 3,000 萬台,可以肯定的是,未來前述裝置的出貨量會有增加的趨勢。

然而,相較於智慧型手機的普及率,其普及率還相當低,各位身邊持有 VR 裝置的,應該也僅限於喜愛新事物,或是熱愛遊戲的朋友吧。

針對 VR 裝置的負面意見應該有很多,像是畫質差、機器本體重,以及連接、配戴麻煩等。關於畫質,Meta 公司販售的 Meta Quest 2,解析度約為 350 萬畫素(單眼解析度為 1832x1920),顯示的技術也提升,已經達到相當高的解析度。不過,據説人眼的解析度原本就高達約 5 億畫素,且除了硬體之外,3DCG 等繪圖處理也有其極限,因此目前**呈現的畫面與實體還是有很大的落差**。

關於 3DCG 的繪圖處理,目前著重的並非提升畫面整體的繪圖處理性能,而是只針對眼睛對焦約 5 度左右的範圍使用視線分析技術,部分提升解析度的方法(**注視點渲染技術**)。這樣的方法比較受到關注,未來的技術成長也備受期待(圖 9-3)。

獨立式裝置的普及

一直以來 VR 的主流配置是,VR 顯示裝置透過連接線連接到搭載顯示卡的 VR 電腦,並且在房間的角落設置紅外線感測器,才能連同控制器一起感測。

然而,近年來出現了獨立式的機型,不需要電腦與外部感測器,而且可以同時感測到控制器,市占率大幅增長。而這種可以單獨運作的機型,就稱為獨立式裝置(圖 9-4)。

圖 9-3　顯示器畫素數量與注視點渲染技術

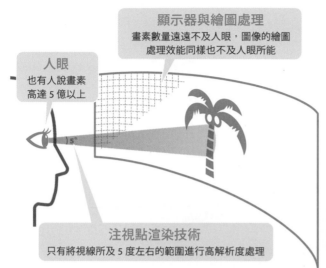

顯示器與繪圖處理
畫素數量遠遠不及人眼，圖像的繪圖
處理效能同樣也不及人眼所能

人眼
也有人說畫素
高達 5 億以上

注視點渲染技術
只有將視線所及 5 度左右的範圍進行高解析度處理

－疑問－

**iPhone
的畫面很細緻？**

iPhone 13 Pro 的畫面解析度
約為 300 萬畫素
（解析度 2532x1170 畫素）

只是拿在手上
看，畫面雖然
看來相當細緻
……

但是它的解析度
並沒有細緻到能夠
覆蓋人眼所見的視野

圖 9-4　既有的 VR 系統與獨立式裝置

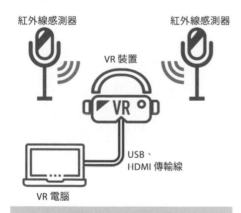

紅外線感測器　　　　　　　紅外線感測器

VR 裝置

USB、
HDMI 傳輸線

VR 電腦

既有的 VR 系統
雖然可擴充性較高，但設備較為複雜

VR 裝置
（感測器、CPU、電池等皆內建在裝置中）

獨立式裝置
雖然簡便，但是可擴充性較低

Point

🖊 VR 的顯示器解析度還遠遠不及人眼

🖊 3DCG 的繪圖方法中，注視點渲染技術極受關注

🖊 越來越多人使用前置準備較為簡單的獨立式 VR 裝置

» 不再需要移動的世界

線上會議的普及

一直以來，人類為了提升移動的效率，開發了汽車、火車、飛機等各式各樣的技術，達成偌大的進步。然而，新冠疫情讓移動受限，不要說是都市與國境間的移動，人們甚至無法前往上學、上班。

這個情況下迅速發展的，就是像 Zoom 這樣的線上會議（圖 9-5）。疫情之下已經不容許學生與商務人士再說自己不擅長使用電腦了，半強制轉為線上的結果，讓科技素養水準提升至最低限度，形成瞬間走向數位化的契機。如果是不需要特別見面的會議，就會常態性選擇以線上方式進行，避免不必要、不緊急的移動，這樣應該是更有效率的。

未來的移動概念

到目前為止，移動指的是身體與物體從某個地點移動到別處，也就是物理性的移動。這樣的移動未來當然還是有其必要，像是磁浮列車與火箭這類能夠高速運送人與物品的技術，未來應該會再持續進化。

還有另外一種移動的概念，**是元宇宙發展成熟，人們不必再進行物理性的移動**。只要有 VR 裝置，就能瞬間讓自己的虛擬分身移動到不同空間，與他人見面、獲得體驗（圖 9-6）。

過去因為物理移動需要的能源、時間、成本所造成的不平等，可以因為元宇宙得到解決，而這對近來 **SDGs** 目標中的能源效率、高品質的教育、技術革新與經濟發展，也會有極大貢獻。

當元宇宙成為日常，**需要花費較多時間、程序的物理性移動及體驗的價值反而會提升**，而我們也能自行選擇要以哪種方式移動。

圖 9-5　　線上會議成為日常

	疫情前		疫情後
實體	直接見面是當然的事	縮小	只有必要時才會直接見面
線上	採取線上方式的應該就是遊戲吧？	擴大	線上成為了日常

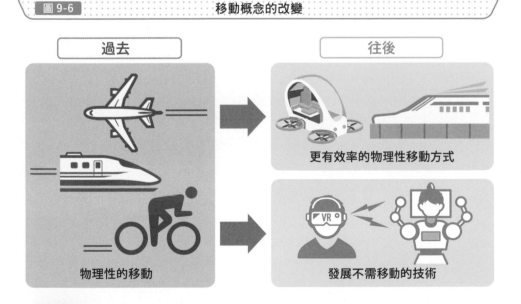

圖 9-6　　移動概念的改變

過去　　　　　　　　往後

更有效率的物理性移動方式

物理性的移動　　　　發展不需移動的技術

Point

🖊 全球走向線上化，往後也會加速數位化

🖊 移動的概念改變，不需移動的技術也會持續進步

🖊 如果能透過元宇宙提升效率，以往較麻煩、效率較低的方式反而價值會提升

» Telexistence 的進化

Telexistence 是什麼？

Telexistence 是結合「**TELE= 遠距**」與「**EXISTENCE= 存在**」的新創語詞，它是一項技術，讓人能夠自由地以遠端控制方式操作目標物（機器人等），就好像自己親臨現場一般（圖 9-7）。舉例來說，有個實驗是將 VR 的頭戴式顯示裝置與控制器，或是知覺的感測器配戴在手與身體上，以自己的手進行操作，藉此遠端操控機器人進行商品陳列等活動。往後，各式各樣的操作如機器操控、零件更換、搬運、醫療等，或許都可以遠端操作。

一般認為，Telexistence **擴大了人類的存在，透過自己的分身機器人，不只能讓自己置身於真實世界中的某個遠處，也可以置身建構於網路上的虛擬空間**。

Telexistence 與元宇宙

除了自己實際所處的空間以外，也可以分別存在於現實與虛擬空間。若將現實世界中的實體分身（機器人）與虛擬空間裡的虛擬分身整合，**或許還能即時從真實世界對虛擬空間，以及反向從虛擬空間對真實世界的事物進行操作**。年長者與身心障礙者只要在虛擬空間裡的工廠生產線進行操作，就能讓真實世界中的工廠生產線運作。包含這種遠端就業的應用在內，目前各領域的應用都備受期待（圖 9-8）。

要在虛擬空間還是真實世界裡工作？未來，虛擬空間與真實世界之間的界線應該會逐漸消失吧。

圖 9-7 將身體擴展至其他實際空間

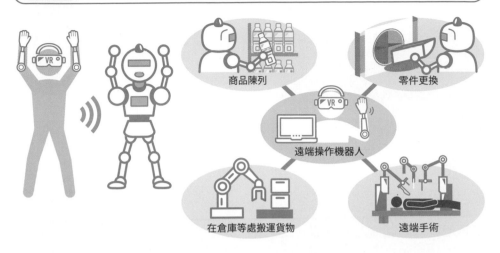

商品陳列

零件更換

遠端操作機器人

在倉庫等處搬運貨物

遠端手術

圖 9-8 在虛擬空間中工作、於遠端就業

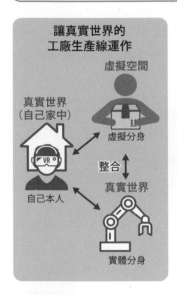

讓真實世界的
工廠生產線運作

虛擬空間

真實世界
（自己家中）

虛擬分身

整合

真實世界

自己本人

實體分身

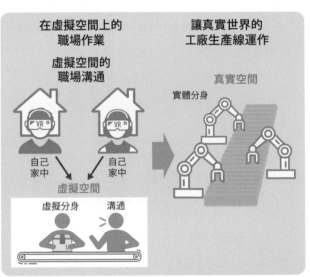

在虛擬空間上的
職場作業

虛擬空間的
職場溝通

讓真實世界的
工廠生產線運作

真實空間

實體分身

自己
家中

自己
家中

虛擬空間

虛擬分身　　溝通

Point

✐ Telexistence 是結合「TELE= 遠距」與「EXISTENCE= 存在」的概念

✐ 作為擴展人類存在領域的方式，人可以存在於真實世界中的遠方以及虛擬空間

✐ 往後也可能會運用虛擬空間來操作真實世界中的目標事物

≫ 「登月計劃」中的元宇宙

登月計劃是什麼？

登月計劃是由日本內閣府所制定的，是展望未來社會，針對雖然困難但實現則有機會帶來巨大影響的社會主題，制定極具魅力與野心的目標。

登月計劃針對解決未來社會問題的基礎領域，也就是**社會、環境、經濟這三個領域訂立具體的九個目標**（圖 9-9）。所有提出的目標都是為了要實現人民福祉（Human Well-being）。

登月計劃的目標 1 與元宇宙

登月計劃的目標 1 是「在 2050 年以前，實現人可以擺脫身體、頭腦、空間、時間限制的社會」。另外，計畫也包含「在 2050 年以前，將多數人遠端操控的多數虛擬分身與機器人結合，開發用於執行大規模且複雜任務的新技術，並建構維護該技術所需要的基礎設施」、「在 2030 年以前，開發出針對單一任務，一個人可以操作十個以上虛擬分身之技術，如果是單一個虛擬分身，則要能以同樣的速度、精細度操作，並且建構維護該技術所需要的基礎設施」。

如前述，登月計劃的內容指出 2030 年與 2050 年 **Cybernetic Avatar（此概念包含了 ICT 技術與機器人技術，這些技術除了替代人類的機器人與顯示為 3D 影像的虛擬分身外，還擴充了人類身體上、認知上，與知覺上的能力）**的生活樣態（圖 9-10）。

要實現這裡的登月計劃目標 1，元宇宙也必須普及，或許也可以這麼說，元宇宙的世界觀與技術就涵蓋在登月計劃的目標之中。

圖 9-9 登月計劃研究開發制度

目標1 從身體、頭腦、空間、時間的限制中解放

目標2 超早期預測、預防疾病

目標3 自主學習、行動，與人共生的 AI 機器人

目標4 地球環境的重建

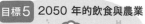
目標5 2050 年的飲食與農業

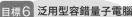
目標6 泛用型容錯量子電腦

目標7 消除對健康的憂慮，活到 100 歲

目標8 透過氣象控制減輕極端的風災與水災

目標9 心靈安定與增強活力

圖 9-10 Cybernetic Avatar 的生活

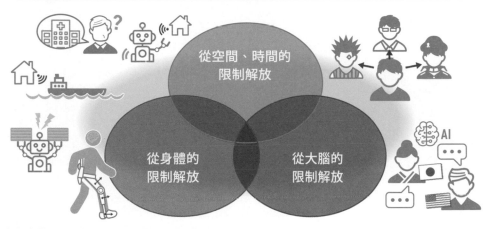

參考資料： 依日本內閣府「登月計劃目標 1『Cybernetic Avatar 生活』」製成
（URL：https://www8.cao.go.jp/cstp/moonshot/sub1.html）

Point

✎ 登月計劃目標是從社會、環境、經濟等領域訂立九個目標

✎ 目標 1 指出在 2050 年之前要實現 Cybernetic Avatar 的生活

✎ 目標 1 的實現，也涵蓋了元宇宙的世界觀與技術

≫ 元宇宙中的生活

為尋求人際連結而進入虛擬空間

在虛擬空間中，除了社群平台等二維的資訊（照片、影片、文字等）之外，也能即時共享三維空間，獲得共處於智慧型手機之中的體驗。而目前從兒童時代就在生活中使用智慧型手機的數位原住民——Z 世代（一般來說是指出生於 1990 年代中期到 2010 年代初期的世代），則為了**深化人際連結，增加語音社群媒體與虛擬空間應用程式中的交流**（圖 9-11）。

從年長者的角度來看，「單手拿著手機，不停盯著小小的螢幕，戴上耳機與人溝通」的行為本身應該是很不自然的。然而，對一出生就對手機習以為常的**數位原住民世代**來說，是極其自然的部分日常。

更自然應用於日常之中的虛擬空間

往後，包含數位原住民世代在內的各個世代，虛擬空間都會更自然地融入生活之中吧。對於「為什麼要特地使用虛擬分身，在虛擬空間中交流？」抱持疑問的世代，在過去網路與智慧型手機、社群媒體初次登場時，或許也抱有同樣的質疑。但如今，智慧型手機與社群媒體已經不分世代，滲透至人們的生活之中。

第一次接觸元宇宙時，或許會有人感到困惑、奇妙。然而，從過去的歷史洪流，可以發現只要習慣，就能夠自然地應用於日常之中。這並不像是居住在元宇宙中，而是在真實世界與虛擬空間之間往返，端看每個人每一天在哪一邊活動的時間比較多。**虛擬空間的各種應用，例如日常生活的延伸、工作、娛樂、轉換心情等增加之後，應該會融入到更多人的生活中吧**（圖 9-12）。

圖 9-11　　　　　　尋求深化人際連結

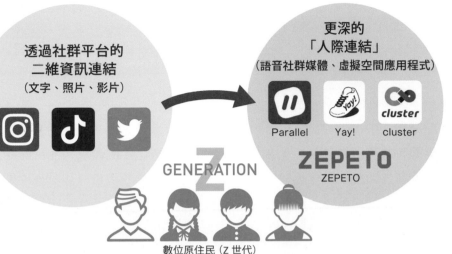

透過社群平台的
二維資訊連結
（文字、照片、影片）

更深的
「人際連結」
（語音社群媒體、虛擬空間應用程式）

Parallel　　Yay!　　cluster

ZEPETO
ZEPETO

GENERATION Z

數位原住民（Z 世代）

圖 9-12　　　　每日在虛擬空間內度過的時間比例提升

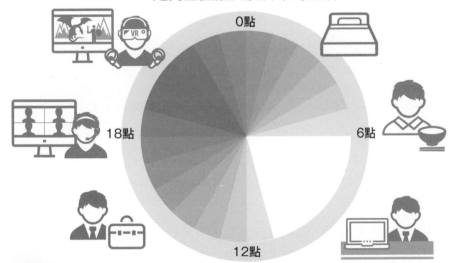

走向虛擬融入於日常的生活

0點

6點

12點

18點

Point

⟋ 對於虛擬空間的感受，會因世代不同有很大的差異

⟋ 包含數位原住民世代在內的各個世代，在虛擬空間內的交流都會提升

⟋ 往後，各種虛擬空間中的活動將融入人們的生活之中

≫ 在新社群的相遇

更多元的相遇與人際關係

在虛擬空間中的活動進一步開始滲透後，人與人的相遇，以及朋友等概念將變得更加多元。從面對面時說的「初次見面」，一直到虛擬空間中的「一起合作遊玩吧」，人與人的相遇有各式各樣的型態。真實世界與虛擬空間中的朋友關係當然不同。虛擬空間裡，只要按下封鎖按鈕，無論好壞，都能瞬間斷絕往來。

另外，人與人的相遇與人際關係也變得更加多元，例如小學生、國中生放學後在線上遊戲集合，從真實世界延伸到虛擬空間中的交流，以及在虛擬空間相識，進而在真實世界結婚等情況（圖 9-13）。

未來，我們或許會置身於比以往更加多元的世界與複雜的人際關係之中，往返於真實世界與虛擬世界。

人會附屬於多個社群

往後，有許多人除了在真實世界裡，也會**附屬於虛擬空間上的各種社群**（圖9-14）。我們可以追求自己的「愛好」到超乎想像的程度，包含喜愛的藝術家、品牌、運動與遊戲等，在喜愛的社群度過許多時光。

未來，我們不必勉強自己加入真實世界中不那麼喜愛的社群，也並非只能加入一個社群。這不是要否定真實世界裡的人際關係，而是藉由增加虛擬空間裡的人際關係，讓自己擁有比以往更多的選擇。藉由在虛擬空間共享相同的空間與體驗，為人生帶來影響，這類重要的相識機會與社群未來應該會日趨多元。

虛擬空間裡的新社群不僅能創造新的相識機會，還能夠讓人擁有更多的選擇。

圖 9-13　多元化的人際關係

真實世界的人際關係

真實世界的人際關係
也能延伸到虛擬空間

虛擬空間的人際關係

虛擬空間的人際關係
也能延伸到真實世界

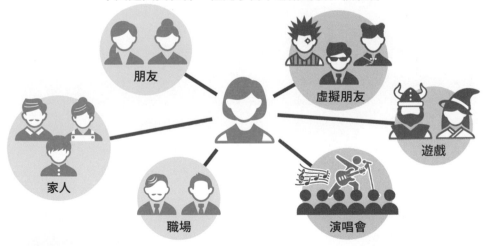

圖 9-14　附屬於多個社群

不只是真實世界，在元宇宙中也附屬於多個社群

朋友

虛擬朋友

家人

遊戲

職場

演唱會

Point

✎ 元宇宙的滲透，能讓人與人之間的相遇與關係更加多元

✎ 包含虛擬空間中的人際關係在內，人會開始附屬於更多的社群

✎ 虛擬活動讓人擁有更多選擇

» 大躍進的世界

人類大躍進，從自身解放的自己

人類是在自己身體特徵的影響下過生活。身高、長相、甚至是性別，即使不特別關注，這些特徵都會對我們的行動產生某種影響。就像是我們會選擇適合自己的髮型、妝容與服裝等，這類真實世界中的行動，其實都是從自己的身體特徵衍伸而來。

在元宇宙的世界，甚至可以在不受這些限制的狀態下展開活動。**性別、外貌，所有條件都不再有影響。**即使是身心障礙無法自由行動的人，在脫離物理限制的世界中，也完全不會受到身體限制影響（圖9-15）。

消除了身體上的特徵後，我們要穿戴什麼，又要如何開始行動呢？又要以從自身解放的自己（虛擬分身）開始什麼樣的體驗呢？隨著在虛擬空間中的所屬社群增加，我們的行動或許也會更加多元。

世界的躍進，與世界上其他人產生更多連結

因為網路與智慧型手機的普及，每個人都開始能接觸全球的資訊。就像是社群平台等，每個人都可以輕易地發布、瀏覽二維的資訊（照片、影片、文字等）。

元宇宙則不只是瀏覽二維資訊，它可能用於在虛擬空間裡透過體驗來傳遞資訊，或是藉由消除以往國境與地區的限制，促進與世界上其他人偶然相遇的機會（圖9-16）。以人的角度，以及元宇宙的角度來看，未來或許會發展出不同於以往的常識與生活。

圖 9-15　從身體特徵解放的另一個自己（虛擬分身）

男性　女性　年長者　輪椅人士

元宇宙
（虛擬空間）

女性　男性　動物　飛翔

圖 9-16　加速與世界上其他人偶然相遇的機會

發展出不同於以往的常識與生活

Point

🖉 在元宇宙中，可以從性別與外貌等身體上的特徵解放

🖉 配合社群所展現的自己，以及人的行為可能會變得更多元

🖉 可能會加速與世界上其他人偶然相遇的機會

小 試 身 手

試著寫出元宇宙的未來

即便想「試著寫出元宇宙的未來」，一下子要對元宇宙的未來展開思考應該很困難吧。這時候可以先回顧日常生活，並將自己平時所做的行為試著轉換到元宇宙中。

可以從真實世界裡日常的行為開始進行自由書寫，像是「如果有這個或許很方便」、「有這個的話或許很有趣」等。

你所思考的元宇宙，有可能已經是既有的服務，也或許可能在不久的未來實現。

真實世界的行為（日常生活等）	如果在元宇宙中
例）購物	例）虛擬購物
例）旅行	例）虛擬旅行
例）交流、約會	例）虛擬交流、虛擬約會

用 語 集

[※「➡」後面是相關的章節]

3DCG （➡4-1）

是指三維的電腦圖形。

3DoF （➡7-1）

只支援追蹤頭部與頸部動作的追蹤方式。

6DoF （➡7-1）

除了頭部與頸部外，也支援前後左右移動等動作的追蹤方式。

AR元宇宙 （➡7-7）

透過 AR 體驗來使用的元宇宙。

AR眼鏡 （➡7-6）

是眼鏡式裝置，為適用於 AR 的眼鏡。如同配戴眼鏡般戴上使用，相較於頭戴式裝置，它的特色是機器本體的重量較輕。

Canvas （➡5-9）

是 HTML 的元素，會建立一個區域，以在網頁內繪製圖像與動畫。

Cryptovoxels （➡7-9）

由紐西蘭 Nolan Consulting Limited 的創辦人 Ben Nolan 主導開發，是使用以太坊區塊鏈的 3D 虛擬世界。

DAO （➡3-9）

Decentralized Autonomous Organization（分散式自治組織）的縮寫。在運作與報酬獎勵設計等方面，是以非中央集權的方式運作。

DApps （➡3-3）

是 Decentralized Applications 的縮寫，指的是使用區塊鏈的非中央集權式應用程式。由於是以智慧合約為基礎，能夠在沒有中央管理者的情況下維護、管理應用程式，例如區塊鏈上的紀錄與資料等。

Daydream （➡7-6）

Google 供應 VR 內容的手機平台。

Decentraland （➡7-9）

能以 VR 裝置體驗的區塊鏈應用程式。被認為是歷史最久的元宇宙概念區塊鏈計畫，在 2015 年作為 2D 平台誕生後，更成功進化為結合 VR 與區塊鏈技術的虛擬空間平台。是以以太坊為基礎所建構，Decentraland 中所使用的是名為 MANA 的專屬加密資產。

DX （➡8-9）

數位轉型。指的是運用資訊與數位技術進行商務上的改革。

EgretEngine （➡5-8）

中國製網頁瀏覽器適用的 WebGL/HTML5 遊戲引擎。

GearVR （➡7-6）

三星電子與 Oculus VR 公司共同開發的 VR 頭戴式裝置。

Habitat （➡1-4）

1986 年登場，是能實際在網路上使用虛擬分身，進行聊天等交流的服務。在日本則是以「富士通 Habitat」的名稱在 1990 年推出服務。

MR眼鏡 （➡2-4）

能夠在真實世界裡顯示 3DCG 與文字資訊的眼鏡式裝置。

NFT （➡3-4）

是 Non-Fungible Token 的縮寫。直譯名稱為不可替代代幣。運用以太坊等區塊鏈機制，賦予每筆數位資訊可識別的編碼，就能辨識數位資訊是否為原始內容。

O2O （➡8-6）

Online to Offline 的縮寫。透過在網路上宣傳等方式，讓顧客實際拜訪店鋪的方法。

OMO （➡8-6）

Online Merges with Offline 的縮寫。不將網路與實體店鋪分開思考，而是將兩者結合來推動業務的方法。

OpenGL （➡5-9）

一種機制，能透過 GPU 進行高速的二維、三維圖像繪製處理，並將其顯示於畫面。

OS (➡5-1)

是在電腦上建立應用程式運作環境的軟體。

PGC (➡1-9)

Professional Generated Content 的縮寫。是像電視廣告與電影作品等，由企業的專家所製作的內容。

Photon (➡6-5)

是 ExitGames 公司供應，可建構多人遊玩環境的服務。

Play to Earn (➡2-1)

透過加密資產與 NFT，玩遊戲並取得報酬的一種機制。

PlayCanvas (➡5-8)

是開源且專用於網頁瀏覽器的 WebGL/HTML5 遊戲引擎。

Polygon (➡4-2)

3DCG 的最小單位，即多邊形的面。Polygon 聚集之後，就會呈現出形狀。

Polygon多邊形建模 (➡4-7)

將 Polygon 組合起來，形成立體形狀的 CG 製作方式。

Second Life (➡1-5)

2000 年代具代表性的元宇宙相關服務。不只是虛擬分身之間的交流，虛擬分身與服飾、建築、裝飾品等都可以自由製作，也可以將製作物品自由販賣。

Somnium Space (➡7-9)

最聚焦在 VR 的一項計畫，到目前為止已募集到 100 萬美元的資金。已經可以透過 VR 裝置體驗，虛擬世界的土地與不動產等，都可以轉換為 NFT，以區塊鏈來管理。

Telexistence (➡9-4)

是結合「TELE= 遠距」與「EXISTENCE= 存在」的新創語詞，它是一項技術，讓人能夠自由地以遠端控制方式操作目標物（機器人等），就好像自己親臨現場一般（圖 9-7）。

The Sandbox (➡7-9)

是使用區塊鏈技術的應用程式。虛擬世界的土地、不動產、角色等可以轉換為 NFT，並透過區塊鏈來管理。

UGC (➡1-9)

User Generated Content 的縮寫。指的是由一般用戶，而非企業所上傳的內容。例如社群平台、部落格、影音平台等的上傳內容、評論網站上的評論等。

UI (➡4-5)

使用者介面。是操作產品與服務時的外觀部分。例如畫面整體的版面與按鈕的配置、文字是否易讀等。

Unity (➡5-7)

美國的 Unity Technologies 所供應的遊戲引擎。在目前的元宇宙開發中最廣受使用。應用領域相當廣泛，例如遊戲應用程式、VR/AR、2D 遊戲等，網羅了所有遊戲引擎的必備基本功能。

UX (➡4-5)

使用者體驗。代表用戶能夠透過產品與服務得到的體驗本身。

Visual Scripting (➡5-7)

連接節點來進行程式設計，而非使用程式碼。

VRChat (➡1-6)

運用 VR 技術的通訊服務。也能透過頭戴式顯示裝置與控制器，以高精細度於虛擬空間中重現身體的動作。

VR元宇宙 (➡7-7)

以 VR 方式使用的元宇宙。

VR眼鏡 (➡7-6)

眼鏡式裝置，VR 適用。如配戴眼鏡般戴上使用，相較於頭戴式裝置，特徵是機器的本體重量較輕。

Web3.0 (➡3-1)

運用區塊鏈技術，全新的分散式網路世界。

WebGL (➡5-9)

讓 OpenGL 能在網頁上使用的一種技術，透過瀏覽器中 HTML 的 canvas 元素，可以描繪二維、三維的圖像。

WebXR Device API (➡7-8)

在網頁瀏覽器上識別 VR 裝置，以取得各裝置方向與動作等狀態的技術。有了這項技術，就能與感測器與頭戴式顯示裝置等 VR/AR 裝置連結，以 VR 的方式瀏覽網頁上的內容。

內向外追蹤 （➡7-3）

內建於機器中，使用感測器的位置推算方式。

公有鏈 （➡7-10）

不特定多數對象可以參加的區塊鏈。基本上是開放的，任何人都可以參加，因此無法排除惡意用戶的參與。

分散式系統 （➡3-2）

不同於以往具有特定管理者的系統（中央集權式），是不透過第三方機構等，用戶之間能夠直接交易的系統。

手機用VR （➡7-2）

以連結手機的方式運作之 VR 裝置。由於手機本身就是 VR 裝置，使用方便，不過也有一些待解決的課題，例如很多人使用的裝置規格較低，或是將觸控面板作為 VR 畫面後，本質上就會造成操作方式受限。

手機應用程式 （➡5-3）

在手機上運作的應用程式。

文字聊天 （➡6-7）

使用文字溝通的一種方式。由於傳送、接收訊息時所需要的資訊傳輸量較少，在各種通訊環境中都很容易使用。

以太坊 （➡3-3）

在以太坊的平台上建構、運作分散式應用程式，就可以記錄何時交易、誰與誰交易、交易金額等加密資產的基本交易資訊，以及對各式各樣的應用程式予以記錄、執行。

加密資產 （➡2-6）

可在網路上流通的資產價值，可以與日幣等法定貨幣相互兌換。

去中心化遊戲 （➡2-5）

是指運用區塊鏈技術的遊戲。遊戲中可以運用區塊鏈技術來「遊玩」、「賺錢」、「交流」等，每個用戶可以思考自己的遊玩方式。

外向內追蹤 （➡7-3）

使用外部感測器的位置推算方式。

本地端伺服器 （➡6-3）

是由公司自行導入、維護的伺服器。像是建構公司系統時所需要的設備是自行導入與維護。

用戶 （➡6-1）

是指從其他電腦與軟體獲得功能與資訊的電腦與軟體。

全身追蹤 （➡7-3）

除了使用 VR 裝置、雙手的控制器共三處來計算位置之外，再使用外部硬體，重現頭與手部這三個位置以外的下半身動作。

同步 （➡6-6）

所有用戶的資料會保持互相傳輸，以達完全相同的狀態。

多人遊玩 （➡6-4）

多個用戶能透過網路獲得相同體驗。

多伺服器 （➡6-2）

具備多人遊玩所需功能的伺服器。

渲染 （➡4-9）

指的是對原始數值資訊進行處理與演算，在畫面上產生出圖像。

自然語言 （➡5-5）

可以從 CPU 直接執行的一種程式語言。

伺服器 （➡6-1）

依用戶（Client）請求（Request）提供資料的電腦與程式。

低面數 （➡4-9）

處理上較無負荷的 3D 資料。

即時渲染 （➡4-9）

指對遊戲玩家操作的角色與背景進行處理時，幾乎在相同時間就能顯示出畫面。

更新率 （➡7-5）

畫面每秒更新的次數。

私有鏈 （➡7-10）

一種區塊鏈類型，特徵是具有中央管理者、限制參加對象，藉此消除公有鏈的缺點。

注視點渲染技術 （➡9-2）

關於 3DCG 的繪圖處理，目前著重的並非提升畫面整體的繪圖處理性能，而是只針對眼睛對焦約 5 度左右的範圍使用視線分析技術，部分提升解析度的方法

非同步 （➡6-6）

以允許各用戶擁有的資料具有差異為前提，進行資料的傳輸。

桌面應用程式 （➡5-2）

在個人電腦中運作的應用程式。使用的應用程式如果與個人電腦中的作業系統相容，那麼無論使用哪種硬體，都不會影響到應用程式的運作。

高階VR裝置 （➡7-2）

連接高規格電腦的 VR 裝置。透過連接到內建支援 SteamVR 顯示卡的電腦與 PlayStation 4 來運作。由於能達到良好的圖像表現，追蹤的性能也優異，因此可以獲得較佳的沈浸式感受。然而，由於還要另外準備幾項設備，相較於其他裝置，導入時的門檻較高

區塊鏈 （➡3-2）

以區塊為單位管理交易紀錄，使用加密技術，將過去到現在的紀錄以鏈子（chain）的形式連結，以維持正確交易紀錄的技術。

創作者經濟 （➡3-5）

不依賴大型平台，能與粉絲直接互動、賺取金錢的一種經濟圈的趨勢。

智慧合約 （➡3-3）

是以太坊的代表性特徵。將以往手動執行的契約以區塊鏈自動執行的系統。

無程式碼 （➡5-6）

不必編寫原始碼，就可以開發應用程式與網頁服務的一種服務。

登月計劃 （➡9-5）

是展望未來社會，針對雖然困難，但實現則有機會帶來巨大影響的社會主題，制定極具魅力與野心的目標。是由日本內閣府所制定。

虛擬YouTuber （➡2-8）

使用 2DCG 或是 3DCG 呈現虛擬分身的角色，並以虛擬分身在 YouTube 等影音平台發布影片與直播的創作者。

虛擬分身 （➡1-1）

自己的分身角色。

虛擬空間 （➡1-1）

物理上不存在的虛擬空間。

虛擬實境 （➡1-2）

以電腦創造如真實情境般的世界。

視角 （➡7-5）

代表能夠正常瀏覽畫面的角度範圍。

雲端伺服器 （➡6-3）

公司不具自己的系統，而是透過網路服務使用伺服器。

腳本語言 （➡5-5）

無法從 CPU 直接執行的一種程式語言。

解析度 （➡7-5）

呈現畫面時格子的細緻度。

跨平台語言 （➡5-5）

指讓同一個語言支援多個作業軟體。

遊戲引擎 （➡2-5、➡4-2、➡5-6）

事先加入製作遊戲時需要頻繁使用的功能，讓遊戲開發能夠更有效率的軟體。

網頁應用程式 （➡5-4）

在網頁瀏覽器上運作的應用程式。

網頁瀏覽器 （➡5-4、➡7-8）

用於瀏覽網頁的應用程式。藉由存取用戶指定的網址（URL），向管理網頁的網頁伺服器請求傳送資料，接收並讀取 HTML 檔案、階層樣式表（CSS）、腳本（JavaScript）、圖檔等後，再以指定的格式來顯示網頁。

語音聊天 （➡6-8）

使用語音進行交流的方法。不同於一般的電話交談，語音聊天能夠讓多人通話，而不是一對一。

數位攣生 （➡8-5）

從真實世界的物理空間收集資訊，並重現於虛擬空間的一項技術。由於是從真實世界的物理性事物收集資訊，並複製到數位空間裡，因此含有「數位雙胞胎」的意思。

請求 （➡6-1）

傳送要求，請求由一方對另一方傳送與處理資料等。

獨立式裝置 （➡7-2、➡9-2）

不需連結到外部，只需要裝置本身就能完成運作。

應用程式 （➡5-1）

為了某個特定用途所設計的軟體。

後 記

本書從各個角度解釋元宇宙的相關基本知識與技術，以及應用方法等。

由於元宇宙的定義與概念還未完全確立，本書的內容或許會有不夠嚴謹與較偏頗之處，不過，我真心希望本書對各位在學習元宇宙的過程能多少有些幫助。

就像是因新冠疫情擴大，各種活動轉移到線上舉辦一般，往後數位工具將逐漸普及，而我們對於新事物的學習能力就更顯重要。任何世代都需要具備的技能，我想正是對新事物的適應能力。面對包含元宇宙在內的各種新工具，首先要試著接觸，並逐漸習慣，我認為這種日常的練習（適應力）是很重要的。

在 2021 年～ 2022 年成為流行語的元宇宙，與其說是立即改變現實生活，或許更可能在較長久的十年時光，逐漸滲透到生活之中。

往後，元宇宙會如何與企業、民眾結合，落實到人們的生活之中，任誰也說不準。以十年為單位來思考元宇宙，試著發展尚未被開發的虛擬空間商務，這對於供應服務及產品的企業來說，或許就是很重要的練習（適應力）。

元宇宙未來會帶來怎麼樣的幫助，又會如何拓展，身為元宇宙領域的從業者，實在相當期待。

最後，我要感謝參與本書企劃至發行的翔泳社編輯部。

但願本書能讓各位讀者了解元宇宙的樂趣與潛力。

波多間俊之

索 引

圖解元宇宙｜核心技術 x 商業應用 x 未來發展

作　　者：波多間 俊之
裝訂‧文字設計：相京 厚史（next door design）
封面插圖：加納 德博
譯　　者：何蟬秀
企劃編輯：江佳慧
文字編輯：詹祐甯
設計裝幀：張寶莉
發 行 人：廖文良

發 行 所：碁峰資訊股份有限公司
地　　址：台北市南港區三重路 66 號 7 樓之 6
電　　話：(02)2788-2408
傳　　真：(02)8192-4433
網　　站：www.gotop.com.tw
書　　號：ACV046300
版　　次：2024 年 02 月初版
建議售價：NT$480

國家圖書館出版品預行編目資料

圖解元宇宙：核心技術 x 商業應用 x 未來發展 / 波多間俊之原
著；何蟬秀譯. -- 初版. -- 臺北市：碁峰資訊, 2024.02
　　面；　　公分
　　ISBN 978-626-324-724-6(平裝)
　1.CST：虛擬實境　2.CST：資訊技術
312.8　　　　　　　　　　　　　　　　　　112022655